Diese Mitteilungen setzen eine von Erich Regener begründete Reihe fort, deren Hefte auf der vorletzten Seite genannt sind.

Bis Heft 19 wurden die Mitteilungen herausgegeben von J. Bartels und W. Dieminger. Von Heft 20 an zeichnen W. Dieminger, A. Ehmert und G. Pfotzer als Herausgeber.

Das Max-Planck-Institut für Aeronomie vereinigt zwei Institute, das Institut für Stratosphärenphysik und das Institut für Ionosphärenphysik.

Ein (S) oder (I) beim Titel deutet an, aus welchem Institut die Arbeit stammt.

Anschrift der beiden Institute:

3411 Lindau

ZUR 27-TÄGLICHEN WIEDERHOLUNGSNEIGUNG

DER ERDMAGNETISCHEN AKTIVITÄT,

ERSCHLOSSEN AUS DEN

TÄGLICHEN CHARAKTERZAHLEN C8

VON 1884 - 1964

von

Springer-Verlag Berlin Heidelberg GmbH

ISBN 978-3-540-03362-2   ISBN 978-3-662-30468-6 (eBook)
DOI 10.1007/978-3-662-30468-6

Vorwort

Die Entwicklung und Anwendung geeigneter statistischer Methoden zur Behandlung geophysikalischer Zeitreihen bilden einen wesentlichen Teil des Werkes von Prof. JULIUS BARTELS. Die vorliegenden Untersuchungen zur 27-täglichen Wiederholungsneigung der erdmagnetischen Aktivität wurden von ihm im Herbst 1959 begonnen und seit dem Frühjahr 1960, mit Unterbrechungen, zusammen mit dem als Verfasser Zeichnenden fortgesetzt. Es ist mir eine schmerzliche Pflicht, die Arbeit alleine zu einem vorläufigen Abschluß bringen zu müssen.

Ein erster Manuskriptentwurf (außer der Einleitung und § 7) ist noch von Prof. BARTELS durchgesehen worden. Seine Vorschläge zur Stoffgliederung sowie zur graphischen Darstellung der äquivalenten Wiederholungszahlen $\omega(n)$ sind in der nachfolgenden Fassung voll berücksichtigt. Auch von der Existenz der halbjährigen Welle in der Wiederholungsneigung hat er noch Kenntnis nehmen können. Wenn trotzdem davon abgesehen wurde, ihn als Mitverfasser zu nennen, so um seinen Namen nicht nachträglich mit der Verantwortung für etwaige Mängel in der Formulierung zu belasten, in der er selber ein Meister war. Neben dem Ausdruck tiefer Dankbarkeit gegenüber meinem Lehrer sei jedoch der Anteil besonders betont, der Prof. BARTELS persönlich an den vorliegenden Ergebnissen zukommt, nicht nur hinsichtlich Anregungen und Diskussionen, sondern auch direkt beim Fortgang der Arbeit.

J.M.

Inhaltsverzeichnis

I. Einleitung

    § 1. Problemstellung und Begriffsbestimmungen .... Seite 7
    § 2. Aufgabe und Ziel der Arbeit 8

II. Die Untersuchungen und ihre Ergebnisse

    § 3. Berechnung der äquivalenten Wiederholungszahlen 9
    § 4. Die Wiederholungsneigung 10
    § 5. Die Länge des Wiederholungsintervalles 12
    § 6. Korrelationskoeffizienten 15
    § 7. Die halbjährige Welle in der Wiederholungsneigung 17

III. Statistischer Hintergrund

    § 8. Schüttelversuche 24
    § 9. Erhaltungsneigung und Auto-Korrelationskoeffizienten 30
    §10. Zufällige Verteilung 32

Anhang: Zur Morphologie der betrachteten Zeitreihen

    A 1. Zufällige Zeitreihen 34
    A 2. Zeitreihen mit Wiederholungsneigung, aber ohne Erhaltungsneigung 36
    A 3. Zeitreihen mit Wiederholungs- und Erhaltungsneigung 37
    A 4. Die Beziehung zwischen der äquivalenten Wiederholungszahl und den Korrelationskoeffizienten 38
    A 5. Ein Vektormodell für die äquivalente Wiederholungszahl 40

Zusammenfassung 43
Summary 44
Literaturverzeichnis 45
Tabellen und Diagramme der $\omega(n)$ 47

For the convenience of English speaking readers the captions of figures and tables are also given in English.

I. Einleitung

§1. Problemstellung und Begriffsbestimmungen

Bei geophysikalischen Zeitreihen hat man es meistens nicht mit einer Folge zufälliger Beobachtungsdaten zu tun, auf die die Gesetze der mathematischen Statistik ohne weiteres angewandt werden können. Vielmehr zeigen diese Zeitreihen sehr häufig eine **Erhaltungsneigung** in den Einzelwerten, d.h. eine Tendenz, daß eine gewisse Zeit lang jeweils ähnliche Werte aufeinanderfolgen, wie auch eine **Wiederholungsneigung** nach festen Intervallen, d.h. eine Tendenz zur Periodizität, die aber nach einigen Perioden gänzlich abgeklungen ist. Für diese Erscheinungsform der Wiederholungsneigung wurde im Unterschied zur vollkommenen Periodizität, den **persistenten** Perioden, auch der Begriff **Quasi-Persistenz** geprägt. Die Unterscheidung Persistenz — Quasi-Persistenz (Wiederholungsneigung) — zufällige Zeilenfolge in bezug auf Abschnitte gleicher Länge (Perioden) entspricht der Unterscheidung konstanter Wert — Erhaltungsneigung — Zufallsfolge bei Folgen von Einzelwerten (BARTELS [4]).

Typische Beispiele einer Erhaltungsneigung zeigen der Verlauf der Witterung und der erdmagnetischen Aktivität. In beiden Fällen besteht eine Erhaltungsneigung über durchschnittlich mehrere Tage. Sie ist aber im allgemeinen durchaus nicht zeitlich und räumlich konstant. So sind z.B. lang andauernde Schön- und Schlechtwetter-Perioden in Mitteleuropa während des Winters und Sommers wesentlich häufiger als im April. In Gebieten mit ausgesprochen kontinentalem Klima sowie in den Tropen ändert sich das Wetter sogar nur wenige Male während des ganzen Jahres, so daß dort die " effektive Anzahl unabhängiger Großwetterlagen " pro Jahr äußerst gering ist. Die Enthaltungsneigung in der erdmagnetischen Aktivität mag weniger auffallend sein als in der Meteorologie, da sie den menschlichen Sinnen nicht direkt zugänglich ist. Die Vernachlässigung der gegenseitigen Abhängigkeit einzelner Maßzahlen jedoch kann in jedem Falle zu einer Verfälschung des Ergebnisses oder gar zu statistischen Fehlschlüssen führen.

Während man weiter in der Meteorologie eine Fülle von persistenten Wellen kennt (in Temperatur, Luftdruck etc.), mit Grundperioden von einem Tag, Monat oder Jahr, konnte die Realität quasi-persistenter Wiederholungen in meteorologischen Meßgrößen — etwa im Sinne der SCHMAUSS schen " Singularitäten "— bislang nicht stichhaltig nachgewiesen werden. Eine deutliche Wiederholungsneigung, nach jeweils rund 27 Tagen, tritt jedoch auf in solchen geophysikalischen Größen, die mit solaren Vorgängen in Verbindung stehen. Sie ist eine Folge der Rotation der Sonne und wird verursacht durch die ungleichmäßige Verteilung der solaren Aktivitätszentren und deren beschränkte Lebensdauer. So ist eine 27-tägliche Wiederholungsneigung bereits vorhanden in den Sonnenflecken-Relativzahlen R und vermutlich ebenfalls in der solaren 10,7 cm-Strahlung sowie der 40 - 100 Å Röntgenstrahlung. Auch in terrestrischen Erscheinungen, die auf die Wellenstrahlung W von der Sonne zurückzuführen sind, treten — entsprechend der Korrelation zwischen R und W — quasi-persistente Periodizitäten auf : wie z.B. in der Amplitude des solaren täglichen Ganges (Sq) im Erdmagnetismus (BARTELS [5]) oder der Elektronenkonzentration der F_2-Schicht über Huancayo [6]. Für die Wiederholungsneigung in Wellenstrahlungs-Effekten ist kennzeichnend, daß sie zur Zeit des Sonnenflecken-Minimums fast vollständig verschwindet.

Daneben tritt, ohne in direktem Zusammenhang mit der Wellenstrahlung der Sonne zu stehen, eine 27-tägliche Wiederholungsneigung auch in solaren Partikelstrahlungs-Effekten auf. Sie ist bereits merklich in der Protonen- und Neutronenkomponente der kosmischen Strahlung (SIMPSON et. al. [30], MEYER and SIMPSON [25], GREGORY and NEWDICK [20], MORI et al. [26]), hier auf eine solare Komponente der Primärstrahlung hinweisend. Am deutlichsten erkennbar ist die Quasi-Persistenz jedoch in der erdmagnetischen Aktivität, d.h. in jener solaren Korpuskelstrahlung, welche die magnetischen Störungen auf der Erde verursacht. Es ist dies geradezu ein Paradebeispiel für eine Wiederholungsneigung überhaupt. Schon in den bekannten graphischen und halbgraphischen Zeitmustern der täglichen erdmagnetischen Charakterzahlen kommt sie, ohne jegliche quantitative Weiterbehandlung, anschaulich zum Ausdruck (BARTELS [7] und [9], [10]; vgl. den Ausschnitt in Tab. 8 auf S. 25). Auch die wesentlichen Züge dieser Form der Wiederholungsneigung können bereits aus diesen Darstellungen abgelesen werden : Sie ist am stärksten im absteigenden Ast des Sonnenfleckenzyklus und im allgemeinen schwach zur Zeit des Fleckenmaximums. Die beobachteten Diskrepanzen zwischen den quasi-persistenten Aktivitäts-Sequenzen im Erdmagnetismus einerseits und den sichtbaren Erscheinungen auf der Sonne, insbesondere den Sonnenflecken, andererseits, und zwar hinsichtlich heliographischer Verteilung und Lebensdauer, haben zu der Konzeption besonderer "M-Regionen" als Quellen der solaren Partikelstrahlung geführt (BARTELS [7]). Der Wiederholungsneigung in den von diesen M-Regionen ausgehenden erdmagnetischen Störungen sind die nachfolgenden Untersuchungen gewidmet.

§ 2. Aufgabe und Ziel der Arbeit

Die bisherigen quantitativen Untersuchungen zur 27-täglichen Wiederholungsneigung der erdmagnetischen Aktivität erfolgten fast durchweg mit Hilfe der Synchronisierungs-Methode (Methode der überlagerten Epochen), die an dem gleichen Problem von CHREE [18] zuerst angewandt wurde und nach ihm oft auch als CHREE-Methode bezeichnet wird. Sie ist ein statistisches Experiment mit dem Zweck, durch Überlagerung vieler Einzelfälle, gemäß einem bestimmten Auswahlprinzip, die vorhandenen systematischen Gesetzmäßigkeiten herauszupräparieren, die in den Einzelfällen selber oftmals vom statistischen Hintergrund verdeckt sind. Man macht dabei Gebrauch vom Fehlerfortplanzungsgesetz, nach dem bei der Durchschnittsbildung sich zufällige Vorgänge herausmitteln, während die systematischen Anteile hervorgehoben werden. Die Auswahl der Epochen kann nach einem bestimmten Merkmal innerhalb der Beobachtungsreihe selbst (z.B. höchste oder tiefste Werte) oder auch in irgendeiner anderen Funktion erfolgen, mit der ein etwaiger Zusammenhang vermutet wird (z.B. Mondphase). Obwohl das formale Rechenergebnis der Durchschnittszeile zunächst noch einer Echtheitsprüfung bedarf, inwieweit das Zufällige gegenüber dem Systematischen in ihr unterdrückt worden ist, hat sich die Methode der überlagerten Epochen, insbesondere bei Wiederholungsneigungen, gut bewährt. Daneben wurde von BARTELS [11] der Auto-Korrelationskoeffizient r_{27} benutzt, der in gewissem Sinne bereits ein Maß für die Stärke der Wiederholungsneigung darstellt.

Die Synchronisierungs-Methode, wie auch die Berechnung der Auto-Korrelationskoeffizienten, kann dazu dienen, eine systematische Wiederholungstendenz überhaupt erst einmal zu erkennen. Ist das Wiederholungsintervall bekannt, nicht zuletzt durch Anwendung ebendieser Methoden, so empfiehlt sich für weitere Untersuchungen ein anderes Verfahren. Teilt man die Beobachtungsreihe in Abschnitte von jeweils einer Periodenlänge und schreibt diese untereinander, so läßt sich die Wiederholungsneigung zwischen je zwei Zeilen beschreiben durch den Korrelationskoeffizienten r. Bei vollkommener Wiederholung ist r = 1, bei vollkommener Unabhängigkeit der Einzelzeilen ist r = 0. Wenn man neben der Stärke der Wiederholungsneigung zwischen einzelnen Zeilen auch die durchschnittliche Dauer der Wiederholungen (mittlere Länge der Sequenzen) mit in die Betrachtungen einbeziehen will, ist es jedoch vorteilhafter, an Stelle der Korrelationskoffizienten die von BARTELS ([17] Chapter 16) unter Verallgemeinerung des Fehlerfortplanzungsgesetzes vorgeschlagene "äquivalente Wiederholungszahl" $\omega(n)$ als Maßzahl für die Wiederholungsneigung zu benutzen, der zudem eine unmittelbar anschauliche Bedeutung zukommt: Sie gibt an, wie oft im Durchschnitt unter n Zeilen sich jede Zeile wiederholt. Es läßt sich zeigen, daß beide Darstellungen der Wiederholungsneigung — Korrelationskoeffizienten und "äquivalente Wiederholungszahl" — einander gleichwertig sind. Der Zusammenhang beider wird im Anhang (A4) beschrieben. Das Ziel dieser Arbeit war einmal, eine langjährige Reihe von Maßzahlen für die Wiederholungsneigung der erdmagnetischen Aktivität abzuleiten, zum andern aber auch, diese Maßzahlen statistisch weiterzuverarbeiten, in Hinblick auf etwaige persistente Variationen der Wiederholungsneigung, und damit nicht nur ihre Brauchbarkeit zu zeigen sondern möglicherweise auch einen Beitrag zu liefern zur Klärung des verwickelten Zusammenspiels der solar-terrestrischen Beziehungen.

Die Untersuchungen wurden im wesentlichen durchgeführt anhand der äquivalenten Wiederholungszahlen $\omega(n)$. Um den Einblick in die Ergebnisse zu erleichtern, sind diese zunächst vorangestellt (Kap. II). Über den statistischen Hintergrund der $\omega(n)$ mittels Schüttelversuchen wird in Kap. III berichtet. Der Anhang enthält allgemeine Betrachtungen zur Morphologie der behandelten Zeitreihen, einschließlich der Herleitung der für die Berechnung der $\omega(n)$ benutzten Formeln, sowie die Beschreibung eines Vektormodells für die äquivalente Wiederholungszahl. Tabellen und Diagramme der $\omega(n)$ für die Jahre von 1884-1964 befinden sich des einfacheren Nachschlagens halber am Schluß der Arbeit. Es ist geplant, sie nach jedem abgeschlossenen Sonnenfleckenzyklus zu ergänzen.

II. Die Untersuchungen und ihre Ergebnisse

§ 3. Berechnung der äquivalenten Wiederholungszahlen

Das Ausgangsmaterial für die vorliegenden Untersuchungen waren die erdmagnetischen täglichen Charakterzahlen in der zusammengezogenen Skala der C8, durch die die Stärke der erdmagnetischen Aktivität (ursprünglich als Ci oder Cp in einer Skala von 0,0 bis 2,0) in neun Stufen von 0 bis 8 charakterisiert wird und die in annähernd homogener Reihe seit 1884 vorliegen (BARTELS [9], [10])[*]. Aus ihren jeweiligen Abweichungen vom laufenden 27-tägigen Mittel wurde das Grundkollektiv für die statistischen Auswertungen auf folgende Weise gebildet: Für Abweichungen, die dem Betrage nach kleiner als 0,5 waren, wurde eine 0 gesetzt, größere Abweichungen wurden durchweg nur als +1 oder −1 gerechnet, je nachdem, ob die Charakterzahlen selbst größer oder kleiner als das jeweilige laufende Mittel waren. Auf diese Art sollte der Einfluß der starken Stürme ohne ausgeprägte Wiederholungsneigung ([17] Chapter XII. 3), deren physikalische Deutung leichter ist, weitestgehend herabgedrückt werden. Die Untersuchungen sollten sich im wesentlichen auf die schwächeren Störungen sowie auf erdmagnetisch ruhige Zeiten beschränken. Vollständig lassen sich die starken Stürme jedoch nicht eliminieren, da allein schon das laufende Mittel durch sie jedesmal angehoben wird (vgl. § 9).

Die äquivalenten Wiederholungszahlen $\omega(n)$ für jeweils n aufeinanderfolgende Sonnenrotationen wurden berechnet nach der Formel

$$\omega(n) = \frac{{m'}^2(n)}{{m'}^2/n} . \qquad \text{(Gleichung (21) im Anhang)}$$

Dabei ist ${m'}^2$ die mittlere quadratische Abweichung in den Einzelzeilen der nach 27-tägigen Sonnenrotationen angeordneten gerundeten C8-Abweichungen, im Durchschnitt über die n betrachteten Zeilen, und ${m'}^2(n)$ die mittlere quadratische Abweichung in der entsprechenden Durchschnittszeile selbst. Die Erhaltungsneigung über einige Tage hinweg wurde zunächst vernachlässigt. Ihr Einfluß wird in Kap. III, § 9 untersucht. Für n wurden die Werte 2, 4, 8, 16 und 32 gewählt, die in dieser Folge eine bequeme Berechnung der mittleren Abweichquadrate gestatten. An einer Stelle mit besonders hoher Wiederholungsneigung (Jahre 1942-45) wurde außerdem $\omega(64)$ berechnet.

Die Ergebnisse für $\omega(n)$ von 1884-1964 sind am Schluß der Arbeit (S. 47) tabellarisch sowie in einer graphischen Form wiedergegeben worden, die die Änderung der äquivalenten Wiederholungszahlen sowohl im Verlaufe der Zeit als auch mit wachsendem n erkennen läßt (Abb. 1). Dabei ist jeder einzelne Wert von $\omega(n)$ aufgetragen über einer mittleren Rotationsnummer, nämlich der $(n/2 +1)$-ten. Der erste Tag dieser zugeordneten Sonnenrotation ist gerade der mittlere Tag aller n Rotationen. Die Einteilung der

---

[*] Die hier dargestellten C9 unterscheiden sich von den benutzten C8 nur in einer weiteren Unterteilung von deren höchster Stufe (C8 = 8) in zwei Stufen 8 und 9 bei C9, zur Charakterisierung der besonders starken erdmagnetischen Stürme.

Jahre in den Diagrammen der ω(n) ist so gewählt, daß der erste Wert nach dem Trennstrich zweier Jahre jeweils derjenigen Sonnenrotationen zugeordnet ist, die voll zu dem betreffenden Jahr gehört. Sie kann mittelbar aus den Tabellen der C9 in [9], [10], aber auch durch direkten Vergleich aus der Tab. 1 entnommen werden. Der Übersichtlichkeit halber sind die Rotationsnummern in Abb. 1 fortgelassen.

Die Basis für die äquivalenten Wiederholungszahlen entspricht dem Wert ω(n) =1 für eine zufällige Zeilenfolge. Alle nach oben aufgetragenen Werte bedeuten positive, alle nach unten aufgetragenen Werte negative, d.h. entgegengesetzte Wiederholungsneigung. Der angegebene Schlüssel zeigt einige Werte in Abständen von 0,5. Die Skala selbst ist kontinuierlich und nach oben theoretisch unbegrenzt. Der höchste erreichbare Wert ändert sich jedoch mit wachdendem n : bei vollkommener Wiederholung ist ω(n) =n (vgl. S. 36f.).

Eine gewisse Inhomogenität in der Reihe der C8 beim Übergang von den aus Ci zu den aus Cp ab- geleiteten Zahlen im Jahre 1932 wurde berücksichtigt, indem jeweils nur mit Charakterzahlen einer Sorte gerechnet wurde. Für größere n entsteht dabei natürlich eine Lücke in der Reihe der ω(n). Daß trotzdem diese Reihe auch hier annähernd homogen ist, sieht man an der guten Korrelation der aus beiden Sorten C8 abgeleiteten Werte für ω(4) in dem sich überlappenden Bereich (Abb. 2).

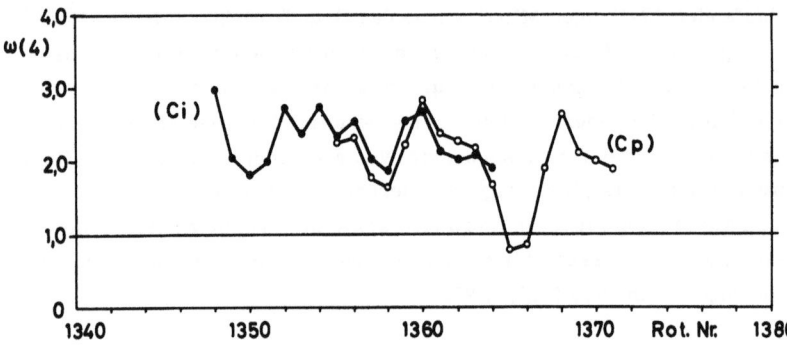

Abb. 2: Äquivalente Wieder- holungszahlen ω(4) um das Jahr 1932, berechnet aus den von Ci (Punkte) und von Cp (Kreise) abgeleiteten Charak- terzahlen C8.

Fig. 2: Equivalent recurrence numbers ω(4) about 1932, deduced from the character figures C8 related to Ci (dots) or Cp (circles).

§ 4. Die Wiederholungsneigung

Die Tatsache einer Wiederholungsneigung innerhalb der erdmagnetischen Aktivität ist seit langem bekannt (vgl. [17] Chapter XII. 1). Neben dieser rein qualitativen Feststellung galten die ersten quanti- tativen Untersuchungen zunächst nur der Länge des Wiederholungsintervalles. Mit der Methode der über- lagerten Epochen − Synchronisierung einzelner Pulse stärkerer oder schwächerer Aktivität − fanden CHREE und STAGG [19] ein mittleres Wiederholungsintervall von 27,0 Tagen, das ziemlich genau mit der mittleren Rotationsdauer der Sonne übereinstimmt. Darauf beruht die übliche Anordnung erdmagne- tischer Daten in Zeilen zu jeweils 27 Tagen, von denen jede einer Sonnenrotation entspricht.

Die mittlere äquivalente Wiederholungszahl ω(n) für n aufeinanderfolgende Rotationen ist ein quanti- tatives Maß der durchschnittlichen Tendenz dafür, daß sämtliche Abweichungen der täglichen Charak- terzahlen vom jeweiligen laufenden Mittel innerhalb aller n Zeilen gleichphasig sind. Die Wiederkehr einzelner Pulse stärkerer oder schwächerer Aktivität über n Rotationen hinweg äußert sich bereits in der aus n aufeinanderfolgenden Einzelzeilen der gerundeten C8-Abweichungen gebildeten Summen- zeile (Beispiel in Tab. 2).

Wie schon der halbgraphischen Tabelle der täglichen Charakterzahlen zu entnehmen ist, treten be- sonders lange Sequenzen gestörter sowie ruhiger Tage jeweils im absteigenden Ast des Sonnenflecken- zyklus auf ([17] Chapter XII. 5). Synchronisierungsversuche mit einzelnen Pulsen bestätigten, daß die n = 16

Rot.-Nr.																																					
1497-1512	1	2	1	5	6	3	1	0	8	2	4	4	3	3	1	3	2	4	1	9	5	1	7	6	3	1	1	6
1498-1513	3	.	1	5	6	3	1	0	8	2	4	4	3	5	1	3	.	6	1	8	5	1	9	8	5	3	1	8
1499-1514	3	.	1	6	6	3	1	0	8	2	3	2	2	5	1	3	.	6	3	6	5	3	1	8	7	4	1	8
1500-1515	2	2	3	8	6	5	1	0	8	3	2	1	1	5	1	4	.	4	4	6	7	5	13	10	9	6	2	8
1501-1516	2	4	5	9	8	7	12	8	3	2	.	.	5	1	2	1	4	4	6	9	7	15	12	10	8	4	8	
1502-1517	.	4	7	11	10	9	13	8	3	2	1	.	4	1	3	4	4	6	9	9	16	10	11	10	4	8		
1503-1518	2	4	7	12	11	11	14	10	4	2	1	1	2	1	1	4	6	4	7	9	16	10	11	10	6	9		
1504-1519	1	5	7	13	12	11	13	10	6	.	.	.	.	3	2	4	6	4	7	11	13	16	10	11	12	7	8	
1505-1520	.	4	8	13	11	13	15	12	7	1	1	1	1	5	3	2	4	2	9	13	13	15	10	10	12	7	8	
1506-1521	2	4	10	15	11	13	15	14	7	2	3	3	2	5	4	.	2	2	10	11	12	14	10	9	1	5	6	

n = 8

1501-1508	.	2	1	1	.	.	4	.	4	6	.	1	5	4	1	.	2	1	4	4	.	7	6	4	2	1	2
1502-1509	2	4	1	3	2	1	5	.	4	8	.	.	6	6	.	2	4	3	2	2	1	8	6	5	3	.	3
1503-1510	2	6	1	4	3	3	6	2	3	8	2	.	6	6	2	3	6	5	3	2	3	8	6	5	4	.	4
1504-1511	2	6	3	5	4	3	6	2	1	6	2	.	4	5	3	5	8	5	3	4	5	8	6	5	6	2	3
1505-1512	1	6	3	5	4	5	8	4	1	4	2	.	2	3	2	4	8	5	4	5	5	8	8	7	6	2	2
1506-1513	1	4	5	7	6	7	8	6	3	2	2	.	3	3	1	4	8	5	4	5	5	8	8	7	6	.	.
1507-1514	.	2	6	7	7	7	8	6	5	.	2	1	3	1	1	2	6	6	2	5	5	8	6	7	6	3	3
1508-1515	.	2	6	8	7	8	8	7	2	1	.	1	1	.	1	4	5	2	5	7	8	6	7	6	3	5	
1509-1516	2	2	6	8	8	7	8	7	4	1	.	3	1	1	2	3	2	5	7	8	6	6	5	6			
1510-1517	2	.	6	8	8	8	8	7	6	.	1	2	5	1	1	.	1	4	7	8	8	4	5	7	4	5	

n = 4

1503-1506	2	2	3	1	.	.	2	.	4	4	2	1	3	2	2	2	1	.	.	2	4	2	2	2	2	3
1504-1507	.	4	1	1	.	.	2	2	4	4	.	3	2	.	4	4	3	1	2	2	4	2	2	4	2	1
1505-1508	1	4	1	1	.	2	4	.	2	4	2	.	2	2	.	2	4	3	3	4	2	4	4	4	4	.	.
1506-1509	3	4	3	3	2	3	4	2	.	4	4	2	3	4	.	2	4	3	2	2	.	4	4	3	3	.	
1507-1510	4	4	4	3	3	3	4	2	1	4	4	.	3	4	3	.	4	4	2	2	.	4	4	3	2	1	1
1508-1511	2	2	4	4	4	3	4	4	3	2	2	.	3	3	.	4	2	2	2	3	4	4	3	2	.	2	
1509-1512	.	2	2	4	4	3	4	4	3	.	.	.	.	1	1	2	4	2	1	1	3	4	4	3	2	2	2
1510-1513	2	.	2	4	4	4	4	4	3	2	2	2	.	.	1	.	2	4	2	2	3	4	4	4	4	3	3	2
1511-1514	4	2	2	4	4	4	4	4	4	2	1	.	3	2	1	2	2	1	.	3	4	4	2	4	4	4	2	1
1512-1515	2	.	2	4	4	4	4	4	4	4	1	1	.	4	4	.	1	3	.	3	4	4	2	4	4	3	3	

Tabelle 2: Summenzeilen für jeweils n aufeinanderfolgende Einzelreihen der gerundeten C8-Abweichungen zu einer Zeit mit hoher Wiederholungsneigung (1943) in halbgraphischer Darstellung. Die schwarzen Zeichen veranschaulichen die Wiederholung einzelner Pulse höherer Aktivität, die roten Zeichen diejenige der Pulse schwächerer Aktivität bezüglich des laufenden 27-tägigen Mittels. Die Größe der Zeichen wächst mit der Häufigkeit der Wiederholungen, nicht mit der Stärke der Aktivität.

Table 2: Sum lines for n successive single lines of the round C8 - deviations at a time with high recurrence tendency (1943) in semi-graphical representation. The black numbers illustrate the recurrences within sequences of higher activity, the red ones the recurrences within those of weaker activity relative to the running 27 - days mean. The size of the figures increases with the number of recurrences, not with the intensity of magnetic activity.

Wiederholungsneigung in der Tat abhängt von der Phase im Sonnenfleckenzyklus ([11] p. 61 f.). Sie ist durchweg sehr gering im Fleckenmaximum, am größten kurz vor dem Fleckenminimum und nimmt in den meisten Fällen nach dem Minimum stark ab. Diese systematische Änderung der Wiederholungsneigung der erdmagnetischen Aktivität im Rhythmus des Sonnenfleckenzyklus kommt ebenfalls im zeitlichen Verlauf der mittleren äquivalenten Wiederholungszahlen $\omega(n)$ quantitativ zum Ausdruck. Die physikalische Deutung dieser Asymmetrie in der Wiederholungsneigung bezüglich des Fleckenminimums geschieht am einfachsten durch eine zunehmende Zielgenauigkeit der Partikelströme, radial ausgehend von den solaren M-Regionen, die ihrerseits im Laufe des Sonnenfleckenzyklus immer näher an den Äquator heranrücken, im Minimum dort verschwinden und nach dem Minimum in höheren heliographischen Breiten neu entstehen. Daneben ist jedoch auch die (veränderliche) mittlere Lebensdauer der M-Regionen als weiterer Faktor für die Modulation der Wiederholungsneigung im Sonnenfleckenzyklus maßgebend, die mit der Zielgenauigkeit im gleichen Sinne wirkt (vgl. S. 23 f.).

Während die Synchronisierungsversuche mit der Überlagerung vieler Einzelfälle prinzipiell nur die d u r c h s c h n i t t l i c h e systematische Änderung im Sonnenfleckenzyklus ergeben, ist es mit Hilfe der äquivalenten Wiederholungszahlen möglich, jeden Zyklus hinsichtlich der erdmagnetischen Wiederholungsneigung individuell zu behandeln. Ein Blick auf die Diagramme der $\omega(n)$ am Schluß der Arbeit lehrt, daß das Ausmaß der verstärkten Wiederholungsneigung in der Zeit vor dem Sonnenfleckenminimum in den einzelnen Zyklen sehr wohl verschieden sein kann. Auch der Abfall der äquivalenten Wiederholungszahlen erfolgt im einzelnen Zyklus durchaus nicht immer zur gleichen Zeit nach dem Fleckenminimum, in den Jahren 1953/54 sogar deutlich v o r h e r. Dadurch erscheint er im Mittelwert $\overline{\omega(n)}$ aus sieben untersuchten Sonnenfleckenzyklen auch nicht so scharf ausgeprägt wie im Einzelfall, wenn die Einzelwerte $\omega(n)$ bei der Mittelwertbildung genau nach dem Fleckenminimum synchronisiert werden (Abb. 3).

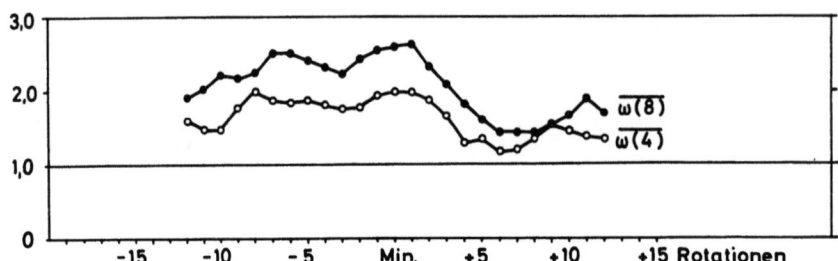

Abb. 3: $\omega(n)$, gemittelt über sieben Epochen von jeweils 24 Sonnenrotationen, synchronisiert nach der Rotationsnummer des Fleckenminimums.

Fig. 3: $\omega(n)$, averaged through seven epochs of 24 solar rotations, synchronized according to the rotation number of sunspot minimum.

Die Ursache dieser Diskrepanzen ist wiederum in der Natur der M-Regionen zu suchen, die, obwohl eng korreliert mit den Sonnenflecken, doch nicht vollkommen parallel zu ihnen verlaufen ([17] Chapter XII.7). Bestimmend für die erdmagnetische Aktivität und deren Wiederholungsneigung ist letztlich eben nicht der Zyklus der sichtbaren Sonnenflecken sondern derjenige der magnetisch aktiven M-Regionen.

§ 5.   Die Länge des Wiederholungsintervalles

Mit der Methode der überlagerten Epochen bestimmten CHREE und STAGG [19] das mittlere Wiederholungsintervall zu 27,0 Tagen, sowohl für Pulse gestörter Tage als auch für Pulse ruhiger Tage. ARCHENHOLD [3] fand bereits, daß die Dauer des Wiederholungsintervalles innerhalb des Sonnenfleckenzyklus systematisch schwankt zwischen 27,0 Tagen (Jahre vor dem Fleckenminimum) und 27,6 Tagen

(Jahre nach dem Fleckenminimum). Genauere Untersuchungen, ebenfalls mit Synchronisierungsversuchen ([11] p. 64 f.), bestätigten die Ergebnisse von ARCHENHOLD und ergaben Wiederholungsintervalle von 26,95 und 27,75 Tagen für die Jahre vor und nach dem Fleckenminimum. Nach NEWTON [28] kann speziell für jene mäßig starken erdmagnetischen Stürme, die mit einem ssc beginnen, auch ein Wiederholungsintervall von rund 28 Tagen angenommen werden.

Bei den Synchronisierungsversuchen wurde das Wiederholungsintervall berechnet als mittlerer Abstand der einzelnen Vor-und Nachpulse voneinander bzw. aus den Abständen ihrer Extremwerte. Dem entspricht die Bestimmung des Wiederholungsintervalles N_0 aus dem Maximum der äquivalenten Wiederholungszahl $\omega(n)$ bei variiertem N_0 und festem n. In Abb. 4 sind die Mittelwerte von $\omega(2)$ eingetragen

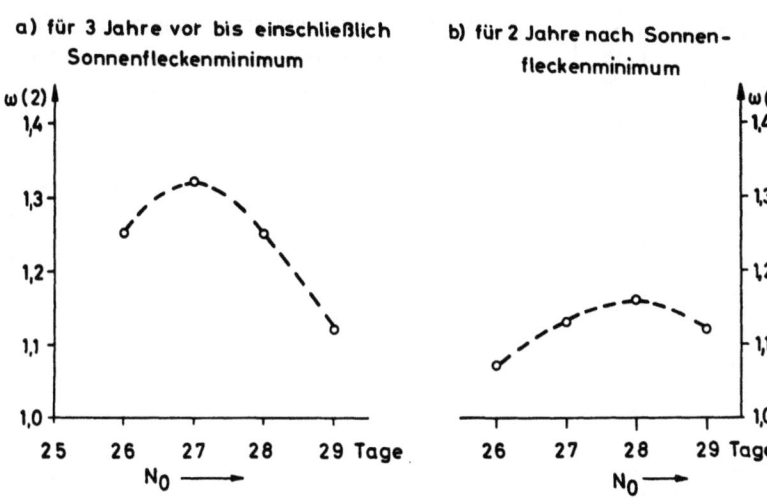

Abb. 4: Mittlere äquivalente Wiederholungszahlen $\omega(2)$ für Wiederholungsintervalle von N_0 Tagen (aus sieben Sonnenfleckenzyklen).

Fig. 4: Mean equivalent recurrence numbers $\omega(2)$ for recurrence intervalls of N_0 days (from seven sunspot cycles).

für jeweils 3 Jahre vor bis einschließlich Sonnenfleckenminimum bzw. 2 Jahre nach dem Fleckenminimum aus 7 Fleckenzyklen (insgesamt 20 bzw. 13 Jahre). Unberücksichtigt geblieben sind lediglich die Jahre 1934 und 1954. Im ersten Fall setzte - obwohl das Fleckenminimum bereits im Oktober 1933 war - der Abfall der hohen $\omega(n)$-Werte erst im Laufe des Jahres 1934 ein, so daß dieses Jahr im Sinne einer Synchronisierung nach dem Zyklus der M-Regionen noch nicht als Jahr "nach dem Minimum" gelten kann (siehe S. 77 und Tab.3). Für das Jahr 1954 liegt der umgekehrte Fall vor: der $\omega(n)$-Abfall tritt bereits vor dem Fleckenminimum ein.

Das auf diese Art bestimmte Wiederholungsintervall beträgt für die Jahre vor bis einschließlich Fleckenminimum 27,0 Tage, für die Jahre nach dem Minimum 27,9 Tage. Die entsprechende heliographischen Breiten für Sonnenflecken gleicher synodischer Rotationsdauer sind $\pm 8,5°$ und $\pm 24,9°$ (nach der Formel von NEWTON und NUNN in [24] p.20).

Die heliographischen Breiten für Filamente mit synodischen Rotationsdauern von 27,0 und 27,9 Tagen sind $\pm 15,8°$ und $\pm 31,5°$ (nach der Formel von L. und M. d'AZAMBUJA in [24] p.22). Da die Filamente im 11-jährigen Sonnenfleckenzyklus durchschnittlich in höheren heliographischen Breiten erscheinen als die Flecken - ihre mittlere Breite in den äquatorialen (Haupt-) Zonen beträgt nach KIEPENHEUER (in [24] p.400) $\pm 30°$ am Anfang und $\pm 17°$ am Ende eines Zyklus - sind die aus dem Wiederholungsintervall der erdmagnetischen Aktivität und der Rotationsdauer der Filamente berechneten heliographischen Breiten der M-Regionen an sich nicht unverträglich mit der von KIEPENHEUER und ALLEN vertretenen Hypothese, daß die Filamente selbst bzw. die Koronastrahlen über ihnen die Quelle der mäßigen erdmagnetischen Störungen seien (vgl. [24] p. 447 ff.).

§ 6   -14-

Tabelle 3: Jahresmittel der äquivalenten Wiederholungszahlen ω(2) für Intervalle von jeweils N_o Tagen

Table 3 : Annual means of the equivalent recurrence numbers ω(2) for intervals of N_o days

a) Jahre vor bis einschl. Sonnenfleckenminima

Jahr	zugeordn. Rot.-Nr.	$N_o=26$	$N_o=27$	$N_o=28$	$N_o=29$
1887	744-57	1.25	1.34	1.29	1.17
1888	758-70	1.37	1.47	1.34	1.09
1889	771-84	1.28	1.41	1.28	1.00
1899	906-919	1.32	1.44	1.32	1.29
1900	920-32	1.14	1.11	1.09	0.98
1901	933-46	1.20	1.20	1.18	1.15
1911	1069-81	1.26	1.32	1.25	1.04
1912	1082-95	1.15	1.23	1.14	0.99
1913	1096-1108	1.22	1.23	1.28	1.15
1921	1204-17	1.03	1.04	1.05	1.01
1922	1218-30	1.26	1.33	1.24	1.16
1923	1231-44	1.16	1.27	1.16	0.96
1931	1339-52	1.22	1.37	1.27	1.10
1932	1353-65	1.37	1.47	1.36	1.12
1933	1366-79	1.32	1.42	1.42	1.29
1942	1488-1501	1.29	1.24	1.14	1.08
1943	1502-14	1.32	1.40	1.33	1.21
1944	1515-28	1.28	1.30	1.26	1.19
1952	1623-36	1.28	1.38	1.31	1.17
1953	1637-49	1.31	1.34	1.29	1.20
1954	1650-63	1.05	1.09	1.10	0.98*)
Mittel:		1.25	1.32	1.25	1.12

Maximum der Wiederholungsneigung bei $N_o=27,0$ Tagen

b) Jahre nach Sonnenfleckenminima

Jahr	zugeordn. Rot.-Nr.	$N_o=26$	$N_o=27$	$N_o=28$	$N_o=29$
1890	785-97	1.10	1.11	1.24	1.15
1891	798-811	1.09	1.19	1.20	1.14
1902	947-960	1.08	1.15	1.18	1.10
1903	961-73	1.09	1.18	1.26	1.08
1914	1109-22	1.05	1.05	1.07	1.05
1915	1123-35	1.20	1.28	1.20	1.16
1924	1245-57	1.14	1.15	1.21	1.16
1925	1258-71	1.05	1.13	1.11	1.06
1934	1380-92	1.19	1.21	1.21	1.10*)
1935	1393-1406	1.06	1.22	1.24	1.23
1945	1529-41	1.04	1.15	1.22	1.11
1946	1542-55	0.93	1.05	1.03	1.03
1955	1664-76	1.03	1.03	1.04	1.13
1956	1677-90	1.06	1.03	1.10	1.12
Mittel		1.07	1.13	1.16	1.12

Maximum der Wiederholungsneigung bei $N_o=27,9$ Tagen

*) im Mittel unberücksichtigt

Die Zunahme des Wiederholungsintervalles von 27,0 Tagen zur Zeit des Sonnenfleckenminimums auf 27,9 Tage nach dem Fleckenminimum verstärkt in geringem Maße die gleichzeitige Abnahme der äquivalenten Wiederholungszahlen ω(n), die durchweg auf ein Wiederholungsintervall von genau 27 Tagen bezogen sind. Nach Abb. 4b sind die wahren Werte für ω(2) nach dem Minimum, bezogen auf das Wiederholungsintervall mit maximalem ω(2), also auf $N_o=27,9$ Tage, um etwa 3% größer. Der Abfall von ω(n) nach dem Fleckenminimum bleibt aber in jedem Fall reell.

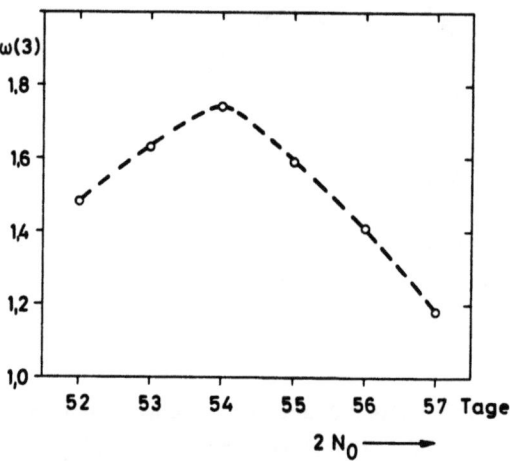

Abb. 5: Mittlere äquivalente Wiederholungszahlen ω(3) für Wiederholungsintervalle von N_o Tagen in den Jahren 1887-89 (vor bis einschließlich Sonnenfleckenminimum).

Fig 5: Mean equivalent recurrence numbers ω(3) for recurrence intervals of N_o days in the years 1887-89 (before till the year including sunspot minimum).

Für die Jahre 1887-89, die eine besonders hohe Wiederholungsneigung aufweisen, wurde das Wiederholungsintervall N_o ebenfalls bestimmt aus dem Maximum der mittleren äquivalenten Wiederholungszahl ω(3) als Funktion von N_o (Abb. 5).

Dabei wurde ω(3) für halbzahlige Werte von N_o berechnet, indem von jeweils drei aufeinanderfolgenden 27-tägigen Sonnenrotationen einmal die erste, zum anderen die letzte Zeile um einen weiteren Tag verschoben und sodann über die entsprechenden Werte von ω(3) gemittelt wurde. Es ergibt sich auch hier ziemlich genau ein Wiederholungsintervall von 27,0 Tagen für die Jahre vor dem Sonnenfleckenminimum, in Übereinstimmung mit Abb. 4a.

§ 6

Im Zusammenhang mit der höheren Zielgenauigkeit der Partikelströme von den äquatornahen M-Regionen und deren längerer Lebensdauer kann man annehmen, daß in jedem Fall eine hohe Wiederholungsneigung bevorzugt verursacht wird durch M-Regionen in niederen heliographischen Breiten, entsprechend Verhältnissen "vor dem Minimum". Insbesondere kann also die Dauer des Wiederholungsintervalles auch in größerem Abstand vom Minimum bei hoher Wiederholungsneigung zu 27,0 Tagen angenommen werden ([11], p.65).

§ 6. Korrelationskoeffizienten

Die Änderung der äquivalenten Wiederholungszahl $\omega(n)$ zu einer festen Epoche mit wachsender Periodenlänge n läßt sich gemäß der Beziehung

$$\omega(n) = 1 + 2\frac{n-1}{n} r_1 + 2\frac{n-2}{n} r_2 + \ldots + \frac{2}{n} r_{n-1} \quad \text{(Gleichung (31) im Anhang)}$$

zurückführen auf drei Anteile mit verschiedenen Ursachen: 1.) das Auftreten weiterer Korrelationskoeffizienten r_τ ($\tau = 1, \ldots, n-1$), 2.) das Anwachsen der Koeffizienten sämtlicher r_τ und 3.) deren zunehmende Ausgleichung (vgl. Anhang A 4). Der erste Anteil tritt bei quasi-persistenten Perioden nur bis zu einem oberen Grenzwert τ_o in Erscheinung. Nur mit dem zweiten Anteil zusammen würde er zur asymptotischen Quasi-Persistenz führen. Dem entgegen wirkt allein die Ausgleichung der einzelnen Korrelationskoeffizienten innerhalb der Perioden von n Sonnenrotationen.

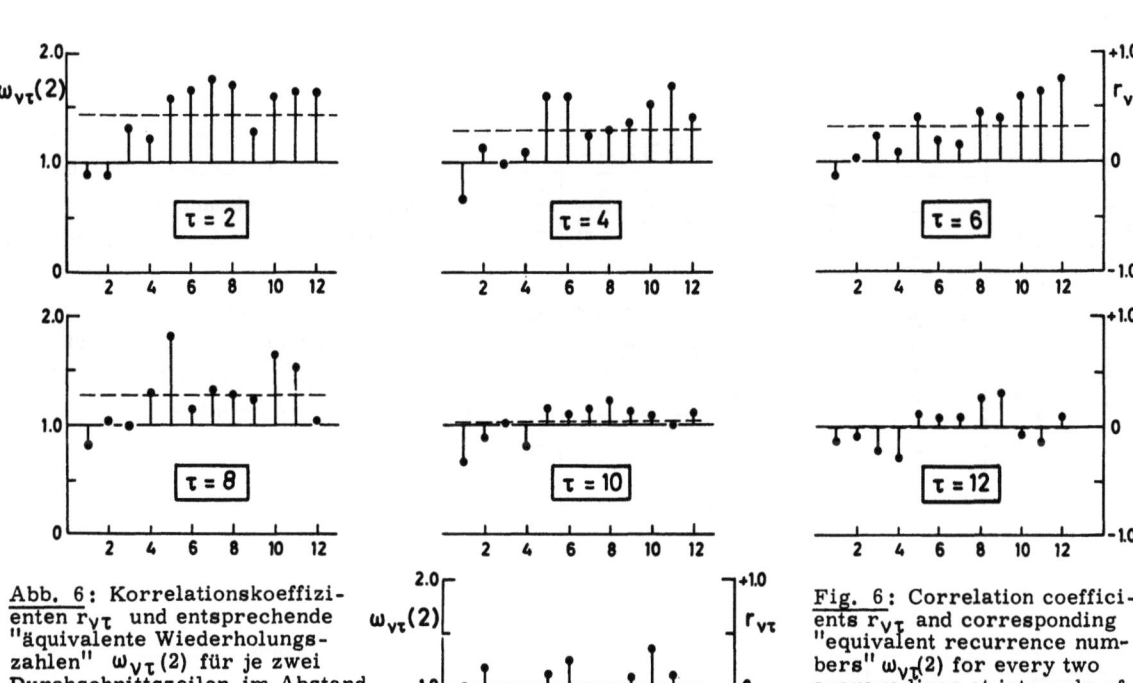

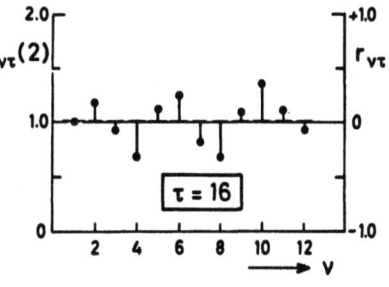

Abb. 6: Korrelationskoeffizienten $r_{\nu\tau}$ und entsprechende "äquivalente Wiederholungszahlen" $\omega_{\nu\tau}(2)$ für je zwei Durchschnittszeilen im Abstand von τ Sonnenrotationen, gebildet aus jeweils zwei aufeinanderfolgenden Einzelzeilen der gerundeten C8-Abweichungen (Jahre 1943/44). Die gestrichelten Linien geben die Mittelwerte an (vgl. Abb. 7). Die erste benutzte Zeile bei $\nu = 1$ ist jeweils die Durchschnittszeile für die Rotationsnummern 1501/02.

Fig. 6: Correlation coefficients $r_{\nu\tau}$ and corresponding "equivalent recurrence numbers" $\omega_{\nu\tau}(2)$ for every two average lines at intervals of τ solar rotations, each average line being taken from two successive single lines of the round C8-deviations (years 1943/44). The dashed lines denote the means (see also Fig. 7). The first line used for $\nu = 1$ is always the average line for the rotation numbers 1501/02.

§ 6   -16-

Tabelle 4: Die den Korrelationskoffizienten $r_{\nu\tau}$ entsprechenden "äquivalenten Wiederholungszahlen" $\omega_{\nu\tau}(2)$ für Durchschnittszeilen im Abstand von τ Sonnenrotationen, gebildet aus jeweils zwei aufeinanderfolgenden Einzelzeilen der gerundeten C8-Abweichungen aus den Jahren 1943/44: ($\omega_{\nu\tau}(2) = 1 + r_{\nu\tau}$).

Table 4: "Equivalent recurrence numbers" $\omega_{\nu\tau}(2)$, corresponding to the correlation coefficients $r_{\nu\tau}$, for average lines at intervals of τ solar rotations, each being taken from two successive single lines of the round C8-deviations for the years 1943/44: ($\omega_{\nu\tau}(2) = 1 + r_{\nu\tau}$).

	$\tau = 2$		$\tau = 4$		$\tau = 6$		$\tau = 8$		$\tau = 10$		$\tau = 12$		$\tau = 16$	
ν	Rot.-Nr.	$\omega_{\nu 2}(2)$	Rot.-Nr.	$\omega_{\nu 4}(2)$	Rot.-Nr.	$\omega_{\nu 6}(2)$	Rot.-Nr.	$\omega_{\nu 8}(2)$	Rot.-Nr.	$\omega_{\nu 10}(2)$	Rot.-Nr.	$\omega_{\nu 12}(2)$	Rot.-Nr.	$\omega_{\nu 16}(2)$
	15....		15....		15....		15....		15....		15....		15....	
1	01+02/03+04	0.89	01+02/05+06	0.67	01+02/07+08	0.87	01+02/09+10	0.82	01+02/11+12	0.67	01+02/13+14	0.86	01+02/17+18	1.00
2	02+03/04+05	0.89	02+03/06+07	1.13	02+03/08+09	1.03	02+03/10+11	1.05	02+03/12+13	0.89	02+03/14+15	0.91	02+03/18+19	1.18
3	03+04/05+06	1.32	03+04/07+08	0.99	03+04/09+10	1.24	03+04/11+12	1.00	03+04/13+14	1.02	03+04/15+16	0.78	03+04/19+20	0.93
4	04+05/06+07	1.22	04+05/08+09	1.10	04+05/10+11	1.08	04+05/12+13	1.31	04+05/14+15	0.81	04+05/16+17	0.71	04+05/20+21	0.67
5	05+06/07+08	1.58	05+06/09+10	1.59	05+06/11+12	1.41	05+06/13+14	1.82	05+06/15+16	1.15	05+06/17+18	1.11	05+06/21+22	1.11
6	06+07/08+09	1.66	06+07/10+11	1.59	06+07/12+13	1.20	06+07/14+15	1.14	06+07/16+17	1.10	06+07/18+19	1.07	06+07/22+23	1.24
7	07+08/09+10	1.75	07+08/11+12	1.25	07+08/13+14	1.15	07+08/15+16	1.33	07+08/17+18	1.15	07+08/19+20	1.01	07+08/23+24	0.81
8	08+09/10+11	1.70	08+09/12+13	1.30	08+09/14+15	1.45	08+09/16+17	1.29	08+09/18+19	1.22	08+09/20+21	1.26	08+09/24+25	0.68
9	09+10/11+12	1.28	09+10/13+14	1.35	09+10/15+16	1.39	09+10/17+18	1.24	09+10/19+20	1.09	09+10/21+22	1.30	09+10/25+26	1.09
10	10+11/12+13	1.60	10+11/14+15	1.53	10+11/16+17	1.59	10+11/18+19	1.65	10+11/20+21	1.09	10+11/22+23	0.92	10+11/26+27	1.35
11	11+12/13+14	1.65	11+12/15+16	1.69	11+12/17+18	1.65	11+12/19+20	1.53	11+12/21+22	0.99	11+12/23+24	0.85	11+12/27+28	1.11
12	12+13/14+15	1.64	12+13/16+17	1.41	12+13/18+19	1.75	12+13/20+21	1.04	12+13/22+23	1.12	12+13/24+25	1.09	12+13/28+29	0.92
	Mittel:	1.43	Mittel:	1.30	Mittel:	1.32	Mittel:	1.27	Mittel:	1.03	Mittel:	0.99	Mittel:	1.01

An einem Beispiel zur Zeit hoher Wiederholungsneigung (1943/44) wurde der Einfluß der verschiedenen Korrelationskoeffizienten auf die äquivalente Wiederholungszahl hinsichtlich des Grenzwertes r_{τ_o} und der Ausgleichung (erster und dritter Anteil) gesondert untersucht. Berechnet wurden für einige feste Werte von $\tau = 2$ bis $\tau = 16$ jeweils 12 Korrelationskoeffizienten $r_{\nu\tau}$ ($\nu = 1, ..., 12$) zwischen Zeilen im Abstand von τ Sonnenrotationen. Um bereits eine gewisse Ausgleichung zufälliger Schwankungen zu erzielen, wurden dabei Durchschnittszeilen je zweier aufeinanderfolgender Einzelzeilen aus dem Kollektiv der gerundeten C8-Abweichungen benutzt. Die den $r_{\nu\tau}$ nach Gleichung (31) im Anhang (mit n = 2 und $r_{\nu\tau}$ statt r_1) entsprechenden "äquivalenten Wiederholungszahlen" wurden mit $\omega_{\nu\tau}(2)$ bezeichnet. Sie besitzen wie alle $\omega(n)$ gegenüber den Korrelationskoeffizienten den Vorteil, nur positive Werte anzunehmen. Begonnen wurde in allen Fällen mit der Durchschnittszeile aus den Rotationsnummern 1501 und 1502. Die Ergebnisse sind dargelegt in Tab. 4 und in Abb. 6. Da in allen Fällen gleich viele Einzelwerte $r_{\nu\tau}$ berechnet wurden, wird bei höheren Werten von τ natürlich ein größerer Zeitraum umfaßt als bei niedrigeren. Die in Tab. 4 angegebenen Mittelwerte können also nicht dazu dienen, eine bestimmte der berechneten äquivalenten Wiederholungszahlen $\omega(n)$ nach Gleichung (31) wieder zusammenzusetzen, da diese bei festem n sich jeweils auch auf einen festen Zeitraum beziehen.

Ein Vergleich der in Abb. 6 dargestellten Korrelationskoeffizienten mit den äquivalenten Wiederholungszahlen in den Jahren 1943/44 (S. 78) zeigt bis $\tau = 8$ deutlich ein Ansteigen der einzelnen $r_{\nu\tau}$ bei ebenfalls zunehmender Wiederholungsneigung. Bereits für $\tau = 10$ aber sind die $r_{\nu\tau}$ im Durchschnitt so gering, daß auf keine eindeutige Korrelation zwischen Zeilen im Abstand von 10 Sonnenrotationen mehr geschlossen werden kann, obwohl die hohe Wiederholungsneigung sich über einen längeren Zeitraum erstreckt und die Spitzenwerte von $\omega(n)$ - etwa bei Rot.-Nr. 1513 - erst für n = 16 angenommen werden. Das Ansteigen der $\omega(n)$-Werte über $n = 8$ hinaus ist also im wesentlichen auf den zweiten der oben genannten Anteile zurückzuführen: auf die Zunahme der Koeffizienten der mittleren r_τ mit wachsendem n. Bei $n = 32$ überwiegt dann bereits die Ausgleichung der Korrelationskoeffizienten, so daß $\omega(32)$ an Stellen hoher $\omega(16)$-Werte wieder kleiner ist. Aus dem gleichen Grunde ist jedoch der Bereich hoher $\omega(32)$-Werte zeitlich viel weiter ausgedehnt.

Die aus den jeweils 12 Werten $r_{\nu\tau}$ ($\nu = 1,\ldots, 12$) gebildeten mittleren Korrelationskoeffizienten r_τ bzw. die Mittelwerte $\omega_\tau(2)$ der entsprechenden "äquivalenten Wiederholungszahlen" sind noch einmal zusammen dargestellt in Abb. 7 (untere Punkte). Läßt man für jeden Mittelwert die beiden ersten Einzel-

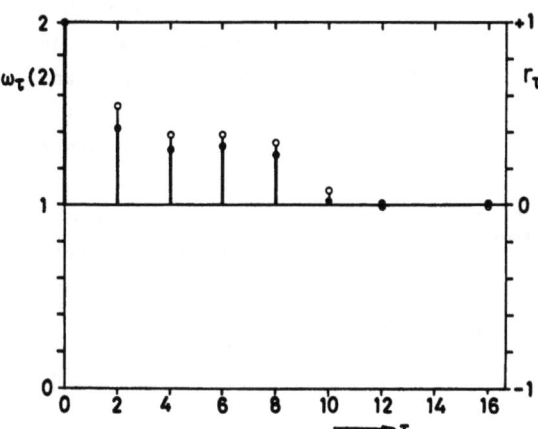

Abb. 7: Mittlere Korrelationskoeffizienten r_τ und Mittelwerte $\omega_\tau(2)$ der entsprechenden "äquivalenten Wiederholungszahlen" für Durchschnittszeilen im Abstand von τ Sonnenrotationen, gebildet jeweils aus zwei aufeinanderfolgenden Einzelzeilen der gerundeten C8-Abweichungen aus den Jahren 1943/44.

Fig. 7: Mean correlation coefficient r_τ and means $\omega_\tau(2)$ of the corresponding "equivalent recurrence numbers" for average lines at intervals of τ solar rotations, each average line being taken from two successive single lines of the round C8-deviations for the years 1943/44.

werte $r_{\nu\tau}$, die sämtlich negativ oder nur schwach positiv sind, außer Betracht (so, als ob etwa bei der Rotationsnummer 1504 gerade eine neue Sequenz begänne), dann erhält man die oberen Kreise, also durchweg einen etwas höheren Korrelationskoeffizienten. Es ist jedoch auch hier ersichtlich, daß Einzelzeilen des vorliegenden Kollektivs in größerem Abstand als 10 Sonnenrotationen praktisch nicht mehr miteinander korreliert sind.

Es sei darauf hingewiesen, daß diese Betrachtungen anhand der Jahre 1943/44 zwar für eine Zeit mit ausgesprochen hoher Wiederholungsneigung gelten, trotzdem aber nicht ohne weiteres verallgemeinert werden können. Insbesondere können einzelne S e q u e n z e n gestörter sowie ruhiger Tage – manchmal sogar in Zeiten mit nicht einmal besonders hoher allgemeiner Wiederholungsneigung – von wesentlich längerer Dauer sein als 10 Sonnenrotationen (vgl. [17] Chapter XII. 5). Ein neuerer typischer Fall dieser Art ist die auffällig lange Sequenz mäßiger Störungen, die Anfang August 1962 begann (Rot.-Nr. 1766, Tag 7) und praktisch erst im Spätsommer 1964 gänzlich ausklang.

§ 7. Die halbjährige Welle in der Wiederholungsneigung

Die äquivalenten Wiederholungszahlen $\omega(n)$ sind ausgeglichene Maßzahlen für die durchschnittliche Wiederholungsneigung innerhalb relativ kurzer Zeitabschnitte (n Sonnenrotationen). Ihre Berechnung erfolgt unabhängig von dem Verlauf der erdmagnetischen Aktivität außerhalb dieser Intervalle. Damit liegt in den $\omega(n)$ für nicht zu großes n ein geeignetes Material vor, um auch bereits eine etwaige systematische Änderung der Wiederholungsneigung im Laufe eines Jahres feststellen zu können.

Als am besten zu diesem Zweck brauchbar erwiesen haben sich die $\omega(4)$. Schon ein Blick auf die

Diagramme am Schluß der Arbeit (S. 73 ff.) zeigt, daß insbesondere für Jahre mit hoher Wiederholungsneigung deutlich eine Halbjahreswelle in ω(4) auftritt. Sie kommt ebenfalls, wenn auch vielleicht nicht so gut, im Durchschnitt über viele Jahre zum Ausdruck. In Abb. 8 sind alle Zahlen ω(4) für 30 Jahre vor bis einschließlich Fleckenminima (aus acht Sonnenfleckenzyklen) als Punkte zu dem jeweils mittleren Tag der vier Rotationen aufgetragen. Während es so aussieht, als seien die Punkte im Bereich kleinerer ω(4), bis etwa 1,5 einigermaßen gleichmäßig über das Jahr verteilt, ist für größere ω(4), vor allem für Werte größer als 2, der halbjährige Gang klar zu erkennen. Er erscheint teilweise dort sogar besser ausgeprägt als in den Durchschnitten für jeweils 21 Tage (Kreise). Die harmonische Analyse liefert die (ebenfalls mit eingezeichnete) halbjährige Sinuswelle

$$\omega(4) = 1.77 + 0.19 \sin(2t + 289°) .$$

Dabei wächst t im Laufe eines Jahres (Anfang Januar bis Ende Dezember) von $0°$ bis $360°$.

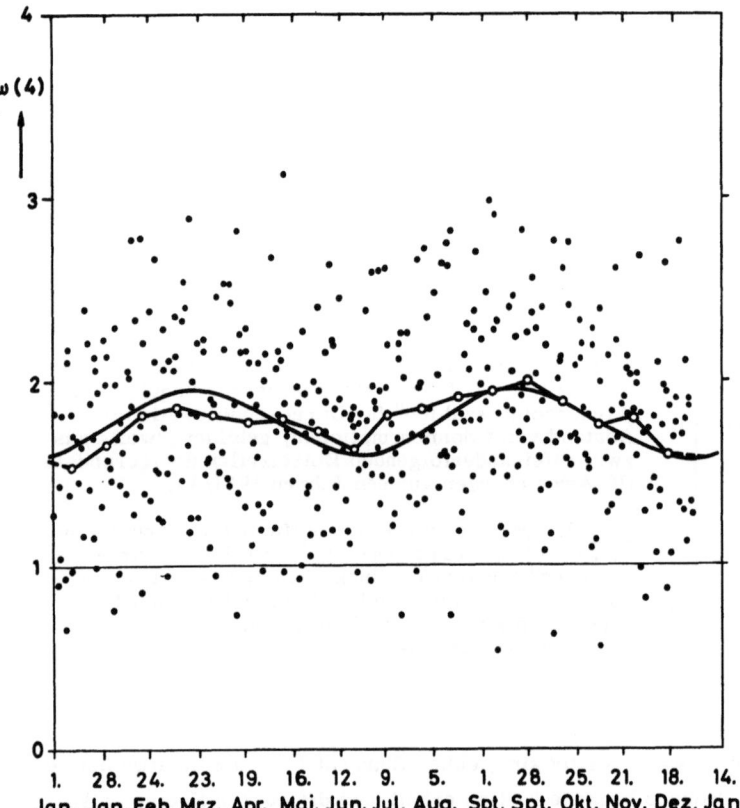

Abb. 8: Äquivalente Wiederholungszahlen ω(4) für 405 Sonnenrotationen aus 30 Jahren vor bis einschließlich Fleckenminima (acht Sonnenfleckenzyklen), aufgetragen nach der Jahreszeit. Das Datum entspricht jeweils dem mittleren Tag von vier Rotationen. Die Kreise stellen Mittelwerte für je 21 Tage dar. Eingetragen ist ebenfalls die durch harmonische Analyse bestimmte halbjährige Welle.

Fig. 8: Equivalent recurrence numbers ω(4) for 405 solar rotations from 30 years before till the year including sunspot minimum (eight sunspot cycles), plotted against the date of the mean day of the four rotations. The small circles denote averages for 21 days each. Marked in is also the semi-annual wave obtained by harmonic analysis.

Die Realität der gefundenen halbjährigen Welle kann durch eine Streuungsuntersuchung geprüft werden. Dazu wählt man zweckmäßigerweise die Darstellungsform der Periodenuhr nach BARTELS ([17], Chapter 16). Berechnet man für je zwei aufeinanderfolgende Jahre [*] in der Zeit vor bis einschließlich dem Jahr des Fleckenminimums (insgesamt 28 Jahre) die halbjährige

---

[*] Da 27 Sonnenrotationen zu jeweils 27 Tagen ziemlich genau zwei Jahren entsprechen (729 Tage), so ergibt sich die halbjährige Welle einfach als vierte Harmonische bei der Analyse von 27 äquidistanten Werten mit der Grundperiode von zwei Jahren. Dieses Verfahren kann ganz allgemein empfohlen werden zum Herausschälen von systematischen Jahresgängen in Erscheinungen, bei denen solar-terrestrische Beziehungen eine Rolle spielen.

Abb. 9-10: Periodenuhren für die halbjährigen Wellen in ω(4) für 14 Doppeljahre mit hoher Wiederholungsneigung vor bis einschließlich Fleckenminima (oben) sowie für 14 Doppeljahre mit schwacher Wiederholungsneigung um Fleckenmaxima (unten). OM ist der Vektor für die Durchschnittswelle; der große Kreis kennzeichnet den wahrscheinlichen Fehler der Einzelwerte, der kleine Kreis denjenigen für den Durchschnitt.

Fig. 9-10: Harmonic dials for the semi-annual waves in ω(4) for 14 double years with high recurrence tendency before till the year including sunspot minima (above), and for 14 double years with low recurrence tendency at sunspot maxima (below). OM is the vector for the average wave; the great circle denotes the probable error for single values, the small circle the same for the average.

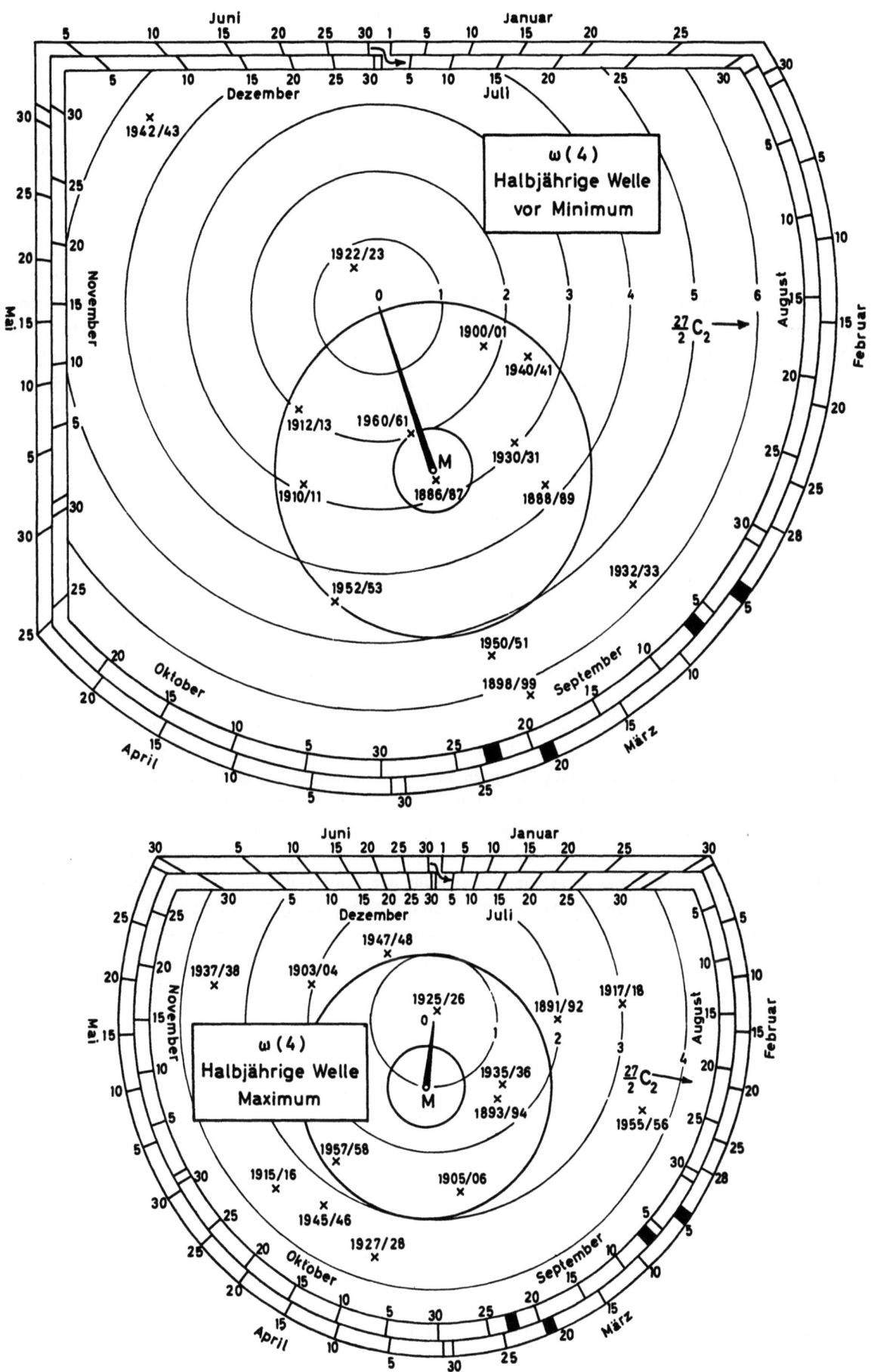

§ 7 -20-

Welle in der Form

$$a_2 \cos 2t + b_2 \sin 2t = c_2 \sin(2t + \varepsilon_2)$$

und trägt a_2 nach oben, b_2 nach rechts auf, so erhält man die in Abb. 9 dargestellten 14 Schwingungsvektoren, gekennzeichnet durch ihre Endpunkte. Dabei ist für die harmonische Analyse jeder Einzelwert von $\omega(4)$ dem ersten Tag der dritten Sonnenrotation (d.h. dem mittleren Tag der vier Rotationen) zugeordnet und der unterschiedliche Beginn der Rotationen in den einzelnen Doppeljahren anschließend in der Phase ε_2 korrigiert. Die Winkelskala am Rande der Periodenuhr ist so eingerichtet, daß die Vektoren jeweils auf die Daten derjenigen Tage zeigen, an denen die Maxima der Welle eintreten. Eingetragen ist in Abb. 9 ebenfalls der Vektor für die durchschnittliche halbjährige Welle in den betrachteten 28 Jahren (14 Doppeljahren) mit dem wahrscheinlichen Fehlerkreis der Einzelwerte (großer Kreis). In ihm würden, wenn Material für wesentlich mehr Jahre vorhanden wäre (Normalverteilung vorausgesetzt), rund 50% der Punkte liegen. Aus seinem Radius von 0,18 berechnet sich der wahrscheinliche Fehlerkreis für den Durchschnitt aus 14 Doppeljahren zu $0,18/\sqrt{14} = 0,049$ (kleiner Kreis). Die Wahrscheinlichkeit, daß ein Punkt rein zufällig um das $\eta/0,833$-fache oder weiter vom Durchschnitt entfernt ist, beträgt $e^{-\eta^2}$. Für den Nullpunkt O der Periodenuhr in Abb. 9 ergibt sich mit $\eta = 0,833 \cdot 3,9$ eine Wahrscheinlichkeit unter 10^{-3}. Das bedeutet, daß die halbjährige Welle in $\omega(4)$, und damit in der Wiederholungsneigung der erdmagnetischen Aktivität, als physikalisch signifikant angesehen werden kann.

Abb. 10 zeigt das Ergebnis einer gleichen harmonischen Analyse für insgesamt 28 Jahre (14 Doppeljahre) um Fleckenmaxima. Die Lage des Nullpunktes der Periodenuhr relativ zum wahrscheinlichen Fehlerkreis der Durchschnittswelle würde für sich allein in diesem Falle die Realität der Halbjahreswelle noch nicht hinreichend gesichert erscheinen lassen. Im Zusammenhang mit der bereits als reell erkannten Halbjahreswelle zur Zeit vor dem Fleckenminimum und der generell schwächeren Wiederholungsneigung (kleinere Werte $\omega(4)$) zur Zeit des Fleckenmaximums ist man jedoch geneigt zu der Annahme einer persistenten halbjährigen Welle in der Wiederholungsneigung der erdmagnetischen Aktivität, mit konstanter Phase und einer lediglich durch den Sonnenfleckenzyklus modulierten Amplitude. Die Lage des Durchschnittsvektors in Abb. 10 ist durchaus mit dieser Annahme verträglich. Deutlicher noch kommt dies zum Ausdruck, wenn man die Durchschnittsvektoren für beide betrachtete Epochen im Sonnenfleckenzyklus, einschließlich ihrer wahrscheinlichen Fehlerkreise, zusammen in einer Periodenuhr darstellt (Abb. 11). Da als ausgezeichnete Daten für den Eintritt der Maxima der Halbjahreswelle nur die Äquinoktien (21. März und 23. September) und die Zeiten der größten heliographischen Breite der Erde (größte Neigung der Sonnenachse) physikalisch von Bedeutung sind, zeigt Abb. 11 die durchschnittlichen Wellen relativ zu diesen Tagen. Eine etwaige Korrektur der Amplituden liegt innerhalb der Zeichengenauigkeit. Ebenfalls eingetragen ist die Durchschnittswelle für beide Epochen zusammen, berechnet aus insgesamt 56 Jahren. Der Eintritt der Maxima zur Zeit der Äquinoktien ist eklatant.

Im Unterschied zu der klar hervortretenden Halbjahreswelle in $\omega(4)$ läßt sich im gleichen Material eine signifikante ganzjährige Welle nicht nachweisen. Die Abb. 12 zeigt das Ergebnis der harmonischen Analyse. Die Durchschnittsvektoren Max und Min, in der Form

$$a_1 \cos t + b_1 \sin t = c_1 \sin(t + \varepsilon_1) \ ,$$

sind berechnet aus den gleichen 14 analysierten Doppeljahren im Fleckenmaximum bzw. vor bis einschließlich Fleckenminimum wie bei der halbjährigen Welle. In beiden Fällen liegt der Nullpunkt der Periodenuhr innerhalb des wahrscheinlichen Fehlerkreises, ebenso beim Durchschnitt für alle Jahre. So erhält man z.B. als Wahrscheinlichkeit dafür, daß die berechnete gesamtdurchschnittliche Ganzjahreswelle (oder eine noch größere) sich rein zufällig durch Überlagerung von 28 zufällig verteilten Einzelwellen ergibt, einen Wert von über 0,9.

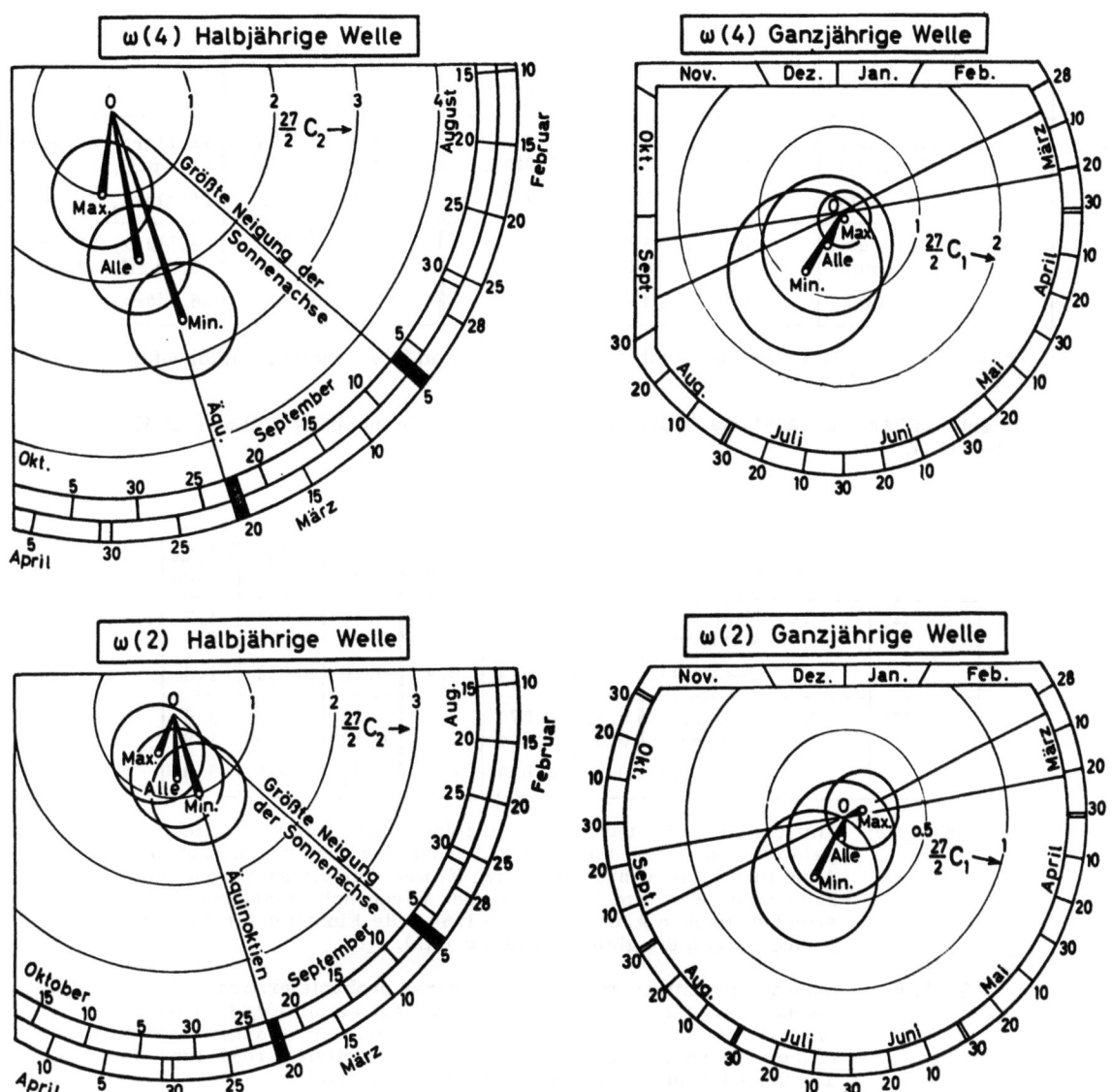

Abb. 11-14: Periodenuhren für die halbjährigen (links) und die ganzjährigen Wellen (rechts) in $\omega(4)$ (oben) und $\omega(2)$ (unten), für Durchschnitte aus jeweils 14 Doppeljahren vor bis einschließlich Fleckenminima (Min) und um Fleckenmaxima (Max) sowie für alle Jahre (Alle). Die Kreise um die Endpunkte der Vektoren geben die wahrscheinlichen Fehler an. Der Maßstab für c_1 bei $\omega(2)$ (rechts unten) ist doppelt so groß wie in den übrigen Periodenuhren.

Fig. 11-14: Harmonic dials for the semi-annual (left) and the annual waves (right) in $\omega(4)$ (above) and $\omega(2)$ (below), in the average for groups of 14 double years before till the year including sunspot-minima (Min), around sunspot-maxima (Max), and for all years (Alle). The circles about the endpoints of the vectors denote the probable errors. Note that the scale for c_1 in $\omega(2)$ (below right) is twice as large as for the other harmonic dials.

Zur weiteren Prüfung des aus $\omega(4)$ erzielten Ergebnisses wurden die gleichen Untersuchungen durchgeführt mit $\omega(2)$ als Ausgangsmaterial. Die Resultate der harmonischen Analyse und der Streuungsbetrachtung sind zusammengestellt in den Tabellen 5 und 6, gemeinsam mit denen für $\omega(4)$. Das Verhältnis c/p in Tab. 6 (p = wahrscheinlicher Fehler) kann in gewissem Sinne als ein Maß für die Signifikanz der berechneten Wellen betrachtet werden, wie sie anschaulich in dem Fehlerkreis der Schwingungsvektoren in der Periodenuhr zum Ausdruck kommt. Die Abb. 13 und 14 zeigen die Periodenuhren für die aus $\omega(2)$ berechneten halb-und ganzjährigen Wellen. Ein Unterschied zwischen beiden Wellen hinsichtlich ihrer Signifikanz ist auch hier merklich, wenn auch infolge der kleineren Amplituden nicht so

§ 7   -22-

Material	Epoche im Sonnenfleckenzyklus	Ganzjährige Welle			Halbjährige Welle		
		Amplitude c_1	Phase ε_1	Eintritt des Maximums	Amplitude c_2	Phase ε_2	Eintreten der Maxima
$\omega(2)$	Vor Minimum	0.030	238°	3. Aug.	0.038	288°	23. März, 22. Sept.
	Maximum	0.009	26°	5. März	0.017	250°	11. April, 11. Okt.
	Alle Jahre	0.009	258°	14. Juli	0.027	276°	29. März, 28. Sept.
$\omega(4)$	Vor Minimum	0.059	239°	2. Aug.	0.189	289°	22. März, 21. Sept.
	Maximum	0.004	308°	24. Mai	0.076	263°	5. April, 4. Okt.
	Alle Jahre	0.027	244°	28. Juli	0.130	282°	26. März, 25. Sept.

Tabelle 5: Ergebnisse der harmonischen Analyse der äquivalenten Wiederholungszahlen $\omega(2)$ und $\omega(4)$, 1884-1964.

Table 5: Results of harmonic analysis of the equivalent recurrence numbers $\omega(2)$ and $\omega(4)$, 1884-1964.

Material	Epoche im Sonnenfleckenzyklus	Ganzjährige Welle			Halbjährige Welle		
		m_1	p_1	c_1/p_1	m_2	p_2	c_2/p_2
$\omega(2)$	Vor Minimum	0.13	0.029	1.1	0.10	0.023	1.7
	Maximum	0.08	0.017	0.5	0.09	0.021	0.8
	Alle Jahre	0.11	0.024	0.4	0.10	0.022	1.2
$\omega(4)$	Vor Minimum	0.32	0.070	0.8	0.22	0.049	3.9
	Maximum	0.20	0.044	0.1	0.18	0.040	1.9
	Alle Jahre	0.27	0.059	0.5	0.21	0.046	2.8

Tabelle 6: Mittlere Abweichungen m für einzelne Jahre, wahrscheinliche Fehler p für Gruppenmittel und Verhältnisse c/p der mittleren Amplituden zum wahrscheinlichen Fehler, für die ganz- und die halbjährige Welle im Jahresgang der Wiederholungsneigung der erdmagnetischen Aktivität, 1884-1964. Die Einheiten für m und p sind jeweils die gleichen wie für $\omega(n)$.

Table 6: Standard deviations m for single years, probable errors p for means of groups, and ratios c/p of average amplitudes to probable errors, for the first and the second harmonic in the annual variation of the recurrence-tendency of geomagnetic activity, 1884-1964. The units for m and p are the same as for $\omega(n)$.

ausgeprägt wie bei $\omega(4)$. Für die 14 untersuchten Doppeljahre um Fleckenmaxima liegt der Nullpunkt der Periodenuhr für die halbjährige Welle sogar innerhalb des wahrscheinlichen Fehlerkreises (Abb. 13). Da die Realität einer halbjährigen Welle in der Wiederholungsneigung der erdmagnetischen Aktivität jedoch bereits klar in den $\omega(4)$ erkannt worden ist, ist zu vermuten, daß die Signifikanz auch bei $\omega(2)$ wesentlich vergrößert werden kann, wenn Material für mehr Jahre zur Verfügung steht. Der Eintritt der Maxima der Halbjahreswelle in $\omega(2)$ mit größerer Wahrscheinlichkeit zu den Äquinoktien als zu den Tagen größter heliographischer Breite der Erde entspricht dem früheren Ergebnis. Eine ganzjährige Welle der Wiederholungsneigung ist auch in den $\omega(2)$ nicht nachweisbar.

Der Eintritt der Maxima der halbjährigen Welle in der Wiederholungsneigung der erdmagnetischen Aktivität ist in zweierlei Hinsicht bemerkenswert. Zunächst fallen sie zusammen mit den Maxima der halbjährigen Welle in der erdmagnetischen Aktivität selber (vgl. [7] und [17] p. 601 ff.), während die stärkste Wiederholungsneigung im Laufe des Sonnenfleckenzyklus gerade kurz vor dem Minimum der Aktivität besteht und das Aktivitätsmaximum ungefähr zusammenfällt mit dem Minimum der Wiederholungsneigung. Sodann ist kennzeichnend, daß in beiden Fällen die Maxima der Halbjahreswelle zu den Äquinoktien eintreten, also bestimmt werden durch die Lage der Erdachse relativ zur Linie Erde-Sonne. Beides deutet darauf hin, daß neben der solaren Ursache für die Modulation der erdmagnetischen Aktivität und seiner Wiederholungsneigung im Sonnenfleckenzyklus noch ein weiterer, terrestrisch bedingter Faktor maßgebend ist, der im wesentlichen die systematischen Änderungen während des Jahres bewirkt. Die Wiederholungsneigung läßt sich demnach multiplikativ zerlegen in der Form

> Wiederholungsneigung ~ Zielgenauigkeit × Treffwahrscheinlichkeit .

Darin ist die "Zielgenauigkeit (aiming-accuracy)" ein Anteil solaren Ursprungs (über einen weiteren solaren Anteil siehe unten), der sich im Sonnenfleckenzyklus systematisch ändert, entsprechend der Wanderung der M-Regionen von höheren in niedere heliographische Breiten (vgl. S. 12). Als "Treffwahrscheinlichkeit (hitting-probality)" hingegen soll der terrestrisch bedingte Anteil bezeichnet werden, der letztlich zurückgeführt werden dürfte auf die Neigung des permanenten Dipolfeldes der Erde gegenüber der Richtung zur Sonne. Sie ändert sich systematisch im Laufe des Jahres in Form einer persistenten halbjährigen Welle, deren Phase bestimmt wird durch die geographische Breite der Sonne, mit Maxima zu den Äquinoktien. Diese Deutung des Jahresgangs der Wiederholungsneigung läßt zugleich auch die Übereinstimmung mit dem Jahresgang der erdmagnetischen Aktivität verständlich werden: Wenn die Treffwahrscheinlichkeit eines Partikelstromes von ein und derselben solaren M-Region, d.h. die Wahrscheinlichkeit, von der Erde eingefangen zu werden, am größten ist, ist sowohl die Wiederholungsneigung (gemäß obiger Beziehung) als auch die Aktivität selber maximal.

Bestätigt wird die im Vorangegangenen gegebene Interpretation durch das quantitative Ergebnis, daß die Amplitude der halbjährigen Welle in der Treffwahrscheinlichkeit unabhängig ist von der Phase im Sonnenfleckenzyklus. Da die Stärke der Wiederholungsneigung sich in der Differenz der äquivalenten Wiederholungszahlen zum Wert 1 ausdrückt, stellt der Quotient $s = (M-1+c_2)/(M-1-c_2)$, wobei M der Epochen-Mittelwert ist, das Verhältnis maximaler zu minimaler Wiederholungsneigung im Laufe des Jahres dar. Es ist nach obiger Beziehung – konstante (mittlere) Zielgenauigkeit während eines Jahres vorausgesetzt – gleich dem Verhältnis maximaler zu minimaler Treffwahrscheinlichkeit. Nach Tab. 7 ist dieses Verhältnis, sowohl bei $\omega(2)$ als auch bei $\omega(4)$ als Ausgangsmaterial, für Jahre vor bis einschließlich Fleckenminima genähert gleich demjenigen für Jahre um Fleckenmaxima. Die halbjährige Welle der Wiederholungsneigung mit einer im Sonnenfleckenzyklus sich ändernden Amplitude entspricht einer persistenten halbjährigen Welle der Treffwahrscheinlichkeit mit **konstanter Amplitude**.

Material	Epoche im Sonnenfleckenzyklus	M	c_2	s
$\omega(2)$	vor Minimum	1.34	0.04	1.25
	Maximum	1.16	0.02	1.26
$\omega(4)$	vor Minimum	1.81	0.19	1.61
	Maximum	1.34	0.08	1.57

Tabelle 7: Mittelwerte M der äquivalenten Wiederholungszahlen $\omega(2)$ und $\omega(4)$, Amplituden c_2 der halbjährigen Welle und Verhältnis $s = (M-1+c_2)/(M-1-c_2)$.

Table 7: Mean values M of the equivalent recurrence numbers $\omega(2)$ and $\omega(4)$, amplitudes c_2 of the semi-annual wave, and ratio $s = (M-1+c_2)/(M-1-c_2)$.

Die Amplitude der Halbjahreswelle in der Wiederholungsneigung wird mithin allein moduliert durch den solaren Anteil: die veränderliche Zielgenauigkeit (mit der unten erklärten Einschränkung). Sie ist groß bei hoher Zielgenauigkeit (entsprechend hoher Wiederholungsneigung) und gering bei schwacher Zielgenauigkeit (schwache Wiederholungsneigung). Dies kommt in Abb. 8 (S.18) deutlich zum Ausdruck.

Neben der Zielgenauigkeit der solaren Korpuskularstrahlung tritt als zweiter solar bedingter Anteil eine Funktion der wahrscheinlichen Lebensdauer der M-Regionen als weiterer Faktor zur Bestimmung der Wiederholungsneigung der erdmagnetischen Aktivität hinzu. Sie stellt sozusagen den Proportionalitätsfaktor in obiger Beziehung dar. Da die M-Regionen nach ALLEN ([1] und [24] p. 447) und WALDMEIER [31], [32] (siehe auch SAEMUNDSSON [29]) jedoch nicht nur die unmittelbare Nähe der Aktivitätszentren auf der Sonne meiden, sondern darüber hinaus sogar durch neu entstehende Fleckengruppen zerstört werden, wird ihre wahrscheinliche Lebensdauer dann am größten sein, wenn die Nacherzeugung der Flecken am geringsten ist, d.h. kurz vor dem Fleckenminimum. Zielgenauigkeit und wahrscheinliche Lebensdauer der M-Regionen tragen also im gleichen Sinne zur Modulation der Wiederholungsneigung in der erdmagnetischen Aktivität bei. Eine Trennung beider Anteile erscheint mit Hilfe der äquivalenten Wiederholungszahlen $\omega(n)$ zunächst nicht möglich.

Nun müßte zwar die Neigung der Sonnenachse gegenüber der Erdbahn bewirken, daß die Zielgenauigkeit für jede M-Region im Laufe eines Jahres systematisch variiert. Der sich ändernde Abstand der M-Regionen von der Scheibenmitte der Sonne müßte sich für solche in heliographischen Breiten von über $7,3°$ in einer ganzjährigen Sinuswelle der Wiederholungsneigung als auch der magnetischen Aktivität selber bemerkbar machen, deren Maximum für die südliche Sonnenhemisphäre am 5. März und für die nördliche am 7. September eintreten sollte. Dabei müßten die Amplituden von der gleichen Größenordnung sein wie diejenigen der Modulation im Sonnenfleckenzyklus, soweit diese durch die sich ändernde Zielgenauigkeit bedingt wird. (Der Unterschied im Abstand von der Scheibenmitte beträgt in beiden Fällen rund $15°$). In den berechneten äquivalenten Wiederholungszahlen mitteln sich jedoch die ganzjährigen Wellen durch Überlagerung der Wirkungen von beiden Hemisphären heraus. Das Fehlen einer reellen Ganzjahreswelle in den $\omega(n)$ stellt für sich noch keinen Grund dar, die Bedeutung der Zielgenauigkeit für die Wiederholungsneigung der erdmagnetischen Aktivität zugunsten der wahrscheinlichen Lebensdauer der M-Regionen in Frage zu stellen. Eine nähere Untersuchung hierüber anhand einzelner Sequenzen der Aktivität für jeweils ein und dieselbe M-Region ist geplant.

III. Statistischer Hintergrund

§ 8. Schüttelversuche

Jedes Ergebnis statistischer Untersuchungen bedarf einer Prüfung auf Zuverlässigkeit (Signifikanz). Numerische Angaben hierüber werden bei geophysikalischen Fragen oftmals für anfechtbar gehalten, da in der mathematischen Statistik die besondere Struktur der hier vorliegenden Beobachtungsreihen (Erhaltungs- und Wiederholungsneigung) bisher nicht genügend berücksichtigt ist. Ein unmittelbar anschauliches Verfahren zur Beurteilung der Realität einer Wiederholungsneigung ist der Schüttelversuch, bei dem der statistische Hintergrund für die berechneten mittleren äquivalenten Wiederholungszahlen sozusagen experimentell hergestellt wird, (BARTELS [12], [14], [15]).

Im Falle der erdmagnetischen Aktivität ist die Grundperiode der untersuchten Wiederholungsneigung die Rotationsdauer der Sonne. Für einen ersten Schüttelversuch wurden aus der Tabelle der C9 jeweils zwei Zeilen, entsprechend zwei Sonnenrotationen, hintereinandergeschrieben und aus diesen 54 Werten 27 aufeinanderfolgende herausgezogen, bei willkürlicher Wahl des Anfanges. Die Zusammenstellung dieser "geschüttelten" Zeilen ("fiktive Sonnenrotationen") kann unmittelbar mit der Tabelle der Charakterzahlen in exakter Kalenderanordnung (siehe Tab. 8) verglichen werden in bezug auf die Wiederholungsneigung.

Tabelle 8: Ausschnitt aus der halbgraphischen Darstellung der täglichen Charakterzahlen C9 für die Jahre 1937-1946 (nach BARTELS [10]).

Table 8: Part of the semi-graphic table of the daily character figures C9, for the years 1937-1946 (after BARTELS [10]).

§ 8   -26-

Ein Ausschnitt aus dem Ergebnis dieses Schüttelversuches (1932-47) ist in der üblichen halbgraphischen Form dargestellt in Tab. 9. Die Willkür in dem Aufbau jener Tabelle ist deutlich sichtbar, obwohl der elfjährige Gang der erdmagnetischen Aktivität mit dem Sonnenfleckenzyklus, der von diesem Schütteln nicht betroffen wird, auch weiterhin zu erkennen ist. Zerstört sein sollte hingegen bei den "fiktiven Sonnenrotationen" jegliche Wiederholungsneigung. Zwar zeigt die Tab. 9 anschaulich, daß es keine "fiktiven M-Regionen" gibt. Doch läßt sich die Wiederkehr einzelner "fiktiver Pulse" stärkerer oder schwächerer Aktivität an manchen Stellen auch über mehrere Zeilen hinweg verfolgen. Es ist dies eine Warnung, der Realität einer Wiederholungsneigung im Einzelfall allzu großes Gewicht beizumessen. Ein einfacher Schüttelversuch kann nicht nur dazu dienen, voreilige statistische Schlüsse zu vermeiden, er dient auch zur Abhärtung bei der Beurteilung wirklicher Zusammenhänge.

Ein Maß für die zufällige Streuung (Fehler) der berechneten äquivalenten Wiederholungszahlen ist die Streuung der aus den geschüttelten Zeilen der Tab. 9 auf die gleiche Art berechneten Werte $\omega(n)$. Da jedoch als Kollektiv für die Berechnung der wirklichen Werte $\omega(n)$ nach Gleichung (21) des Anhangs nicht dasjenige der Charakterzahlen direkt, sondern das der gerundeten C8-Abweichungen vom laufenden 27-tägigen Mittel genommen wurde (vgl. § 3), so wurde auch bei der Ermittlung der zufälligen Streuung zweckmäßigerweise ausgegangen vom geschüttelten Kollektiv der gerundeten C8-Abweichungen. Dabei wurde in der gleichen Art verfahren wie oben. Nur wurden außerdem die geschüttelten "fiktiven Sonnenrotationen" noch in zufälliger Reihenfolge geschrieben. Dadurch sollten im Einzelfall überzufällige Wiederholungsneigungen durch zufälliges Untereinanderstehen nicht gegeneinander verschobener Zeilen, noch verstärkt durch die Erhaltungsneigung innerhalb der Zeilen, vermieden und eine möglichst willkürliche Anordnung erreicht werden. *) Eine Abhängigkeit des statistischen Hintergrundes von der Phase im Sonnenfleckenzyklus ist aus physikalischen Gründen nicht in Erwägung gezogen. Geringfügige Unterschiede in den gerundeten C8-Abweichungen nach dem Schütteln auf beide beschriebene Arten entstehen lediglich infolge verschiedener Bildung des laufenden Mittelwertes, von dem aus die Abweichungen gerechnet werden.

Ein Schüttelversuch in dem zuletzt beschriebenen Sinne wurde durchgeführt für die Sonnenrotationen 1461/62 - 1567/68 aus den Jahren 1940-47 mit hoher Wiederholungsneigung. Das Ergebnis zeigt Tab. 11. Um eine bessere Übersicht zu ermöglichen, sind von den Zahlen ± 1 jeweils nur die Vorzeichen wiedergegeben. Die Tab. 10 zeigt einen Ausschnitt der gerundeten C8-Abweichungen in exakter Anordnung der Sonnenrotationen aus den gleichen Jahren (insgesamt natürlich nur ein halb so großer Zeitraum). Ein Vergleich beider Tabellen ist zwar nicht so eindrucksvoll wie bei dem ersten Versuch (Tab. 9) jedoch nicht minder lehrreich. Er weist mehr als jener auf die Notwendigkeit hin, die berechneten äquivalenten Wiederholungszahlen auf ihre Bedeutsamkeit zu prüfen.

Die für die "fiktiven Sonnenrotationen" der Tab. 11 berechneten Werte $\omega(n)$ für $n = 2, 4$ und 8 sind aufgetragen in Abb. 15 a (S. 29). Angegeben sind ebenfalls Mittelwert und mittlere Abweichung. Ein Kontrollversuch mit dem gleichen Ausgangsmaterial zeigt eine gute Übereinstimmung (Abb. 15 b). Die Werte $\omega(2)$ in den unteren Zeilen sind zufällig verteilt. Bei $\omega(4)$ und $\omega(8)$ hingegen ist die Ausgleichung benachbarter Werte wiederum deutlich sichtbar. Die mittlere Abweichung der $\omega(n)$ hängt nach Abb. 15 nicht erkennbar von n ab. Da zudem der statistische Hintergrund als gleichbleibend während der gesamten Beobachtungsreihe angesehen wird (s.o.), ergibt sich für alle berechneten äquivalenten Wiederholungszahlen $\omega(n)$ ein mittlerer Fehler von etwa $\pm 0,25$.

---

*) Ein Schütteln der Einzelzeilen im Sinne eines "Ziehens ohne Zurücklegen" würde hier diesen Zweck nicht erfüllen, da neben der Erhaltungsneigung über benachbarte Werte auch noch solche in größerem Abstand nicht gänzlich unkorreliert sind (vgl. § 9).

Tabelle 9: "Geschüttelte" tägliche Charakterzahlen C9 von 1932-1947: Anordnung nach fiktiven Sonnenrotationen.

Table 9: "Shaked" daily character figures C9 from 1932-1947: arranged according to fictitious solar rotations.

§ 8 - 28 -

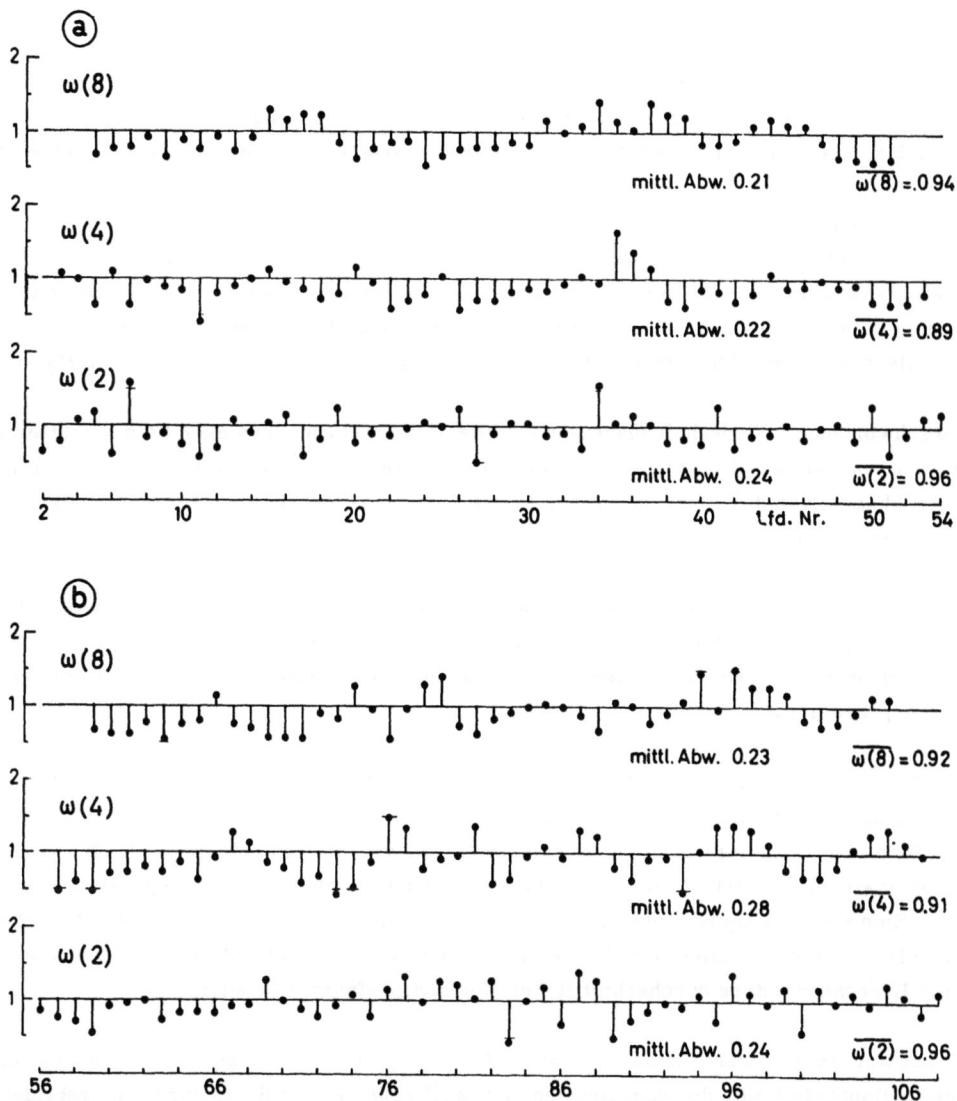

Abb. 15: Äquivalente Wiederholungszahlen ω(n) bei zufälliger Zeilenfolge der geschüttelten C8-Abweichungen (Tab. 9). Die laufende Nummer entspricht einer "fiktiven Rotationsnummer".

Fig. 15: Equivalent recurrence numbers ω(n) for an arbitrary arrangement of the shaked C8-deviations (Table 9). The consecutive numbers (Lfd. Nr.) represent "fictitious rotation numbers".

Auffallend in Abb. 15 ist die systematische Abweichung der Mittelwerte ω(n) von dem Erwartungswert 1.00 für willkürliche Ausgangsverteilungen, wie sie nach dem Schütteln vorliegen sollten. Als Gründe hierfür können angeführt werden sowohl die Vernachlässigung des Korrelationsfaktors $(N_o - \varepsilon(N_o))/(N_o - \varepsilon_M(N_o))$ in Gleichung (26) des Anhangs, entsprechend der Vernachlässigung der Erhaltungsneigung innerhalb der Zeilen, als auch die Unsymmetrie in der Verteilung der positiven und negativen C8-Abweichungen (vgl. §9).

Tabelle 10: Gerundete Abweichungen der C8 vom laufenden 27-tägigen Mittel.
Table 10: Round deviations of C8 from the running 27-day mean.

Tabelle 11: Zufällige Zeilenfolge der geschüttelten C8-Abweichungen. Die Anfänge der fiktiven Sonnenrotationen sind mittels Zufallszahlen gewählt.
Table 11: Arbitrary arrangement of lines of the shaked C8-deviations. The beginnings of the fictitious solar rotations are selected by random-numbers.

§ 9. **Erhaltungsneigung und Auto-Korrelationskoeffizienten**

Der Korrektionsfaktor $(N_o - \varepsilon(N_o))/(N_o - \varepsilon_M(N_o))$ (vgl. Anhang (A 3)) wird bestimmt durch die Erhaltungsneigung $\varepsilon(N_o)$ in den Einzelzeilen der gerundeten C8-Abweichungen und $\varepsilon_M(N_o)$ in deren Summenzeile. Bei einer vollkommenen Wiederholung der einzelnen Sonnenrotationen und einer Rotationsdauer von genau 27 Tagen ist die mittlere äquivalente Erhaltungszahl in der Summenzeile gleich derjenigen in den Einzelzeilen ($\varepsilon_M(27) = \varepsilon(27)$). In diesem Falle ist der Korrektionsfaktor gleich 1 und $\omega(n) = n$. Weicht hingegen die Rotationsdauer - wie z.B. nach dem Fleckenminimum - von der Periode der Einzelzeilen etwas ab, so tritt in der Summenzeile eine gewisse Ausgleichung auf, durch die die Erhaltungsneigung in ihr verstärkt werden kann. Die berechneten Wiederholungszahlen, die in diesem Falle kleiner als n sind, werden dann durch einen Korrektionsfaktor, größer als 1, korrigiert.

Bei verschwindender Wiederholungsneigung schließlich, insbesondere auch beim Schüttelversuch, liegt, abgesehen von der Erhaltungsneigung, eine willkürliche Verteilung der Werte in beiden Einzelzeilen vor, unabhängig von der Rotationsdauer. In der Summenzeile tritt deshalb - an Stellen mit nicht zufällig genau gleichphasigen Pulsen in den Einzelzeilen - wiederum ein zusätzlicher Ausgleicheffekt auf, der ebenfalls zu einer Verstärkung der Erhaltungsneigung in ihr führen kann. Der Korrektionsfaktor ist dann ebenfalls größer als 1. Im allgemeinen wird für die berechneten äquivalenten Wiederholungszahlen der tatsächliche Korrektionsfaktor zu mehr oder weniger großen Anteilen auf b e i d e Ausgleicheffekte zurückzuführen sein. Er wurde hier ebenfalls wieder "experimentell", d.h. aus dem vorhandenen Material heraus, bestimmt.

Eine systematische Änderung der Erhaltungsneigung innerhalb der Durchschnittszeilen im Laufe des Sonnenfleckenzyklus ist nach dem Gesagten ohne weiteres verständlich. Darüber hinaus deutet sich ein solcher Effekt aber auch bereits in den Einzelzeilen an (vgl. hierzu [11] p. 62). Die sich daraus ergebende systematische Änderung des Korrektionsfaktors soll aber hier nicht Gegenstand der Untersuchung sein. Eine mittlere äquivalente Erhaltungszahl für einen längeren Zeitraum (Jahre 1938-47) wurde in Einzel- und Summenzeilen jeweils als repräsentativ für die gesamte Beobachtungsreihe angesehen und zur Berechnung eines durchschnittlichen Korrektionsfaktors benutzt.

Berechnet wurden nach der Formel (2) (siehe Anhang) eine mittlere äquivalente Erhaltungszahl $\varepsilon(N)$ für die fortlaufende Reihe der Einzelzeilen und $\varepsilon_2(N)$ für die der Summenzeilen, gebildet aus je zwei aufeinanderfolgenden Einzelzeilen. Dabei gibt N den Umfang der jeweils gebildeten Gruppen an, für deren Mittelwerte die Streuung berechnet wurde. In beiden Fällen wurde N = 3, 6, 9 und 12 gesetzt. Das Ergebnis zeigt Abb. 16. Für N = 1 sind sämtliche Erhaltungszahlen natürlich gleich 1. Die Werte $\varepsilon_2(N)$ für N > 1 sind, wie erwartet, größer als die von $\varepsilon(N)$.

Die Beziehung zwischen der äquivalenten Wiederholungszahl $\omega(n)$ und den mittleren Korrelationskoeffizienten zwischen den Einzelzeilen (Anhang, Gleichung (31)) läßt sich sinngemäß übertragen auf einen Zusammenhang zwischen der äquivalenten Erhaltungszahl $\varepsilon(N)$ und den Auto-Korrelationskoeffizienten r_τ ($\tau = 1,\ldots, N-1$) innerhalb der Zeilen:

$$\varepsilon(N) = 1 + 2\frac{N-1}{N} r_1 + 2\frac{N-2}{N} r_2 + \ldots + \frac{2}{N} r_{N-1}$$

Wenn nun eine Erhaltungsneigung in dem Sinne besteht, daß ein bestimmter Störungsgrad lediglich eine gewisse Neigung zur Wiederkehr über mehrere Tage hinweg besitzt, ohne Einfluß auf Tage in größerem Abstand zu haben, so ergibt sich in ähnlicher Weise wie bei der Wiederholungsneigung (Anhang A 4) mit wachsendem N ein Grenzwert

$$\varepsilon(\infty) = 1 + 2(r_1 + r_2 + \ldots + r_{\tau_o -1}); \qquad (r_\tau = 0 \text{ für } \tau \geq \tau_o).$$

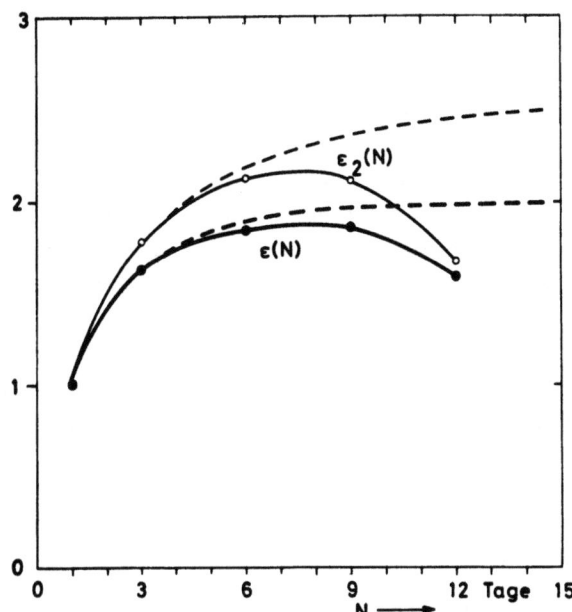

Abb. 16: Mittlere äquivalente Erhaltungszahlen $\varepsilon(N)$ und $\varepsilon_2(N)$ für Einzelzeilen und für Summen je zweier Einzelzeilen der gerundeten C8-Abweichungen (Jahre 1938-47). Die gestrichelten Kurven geben die extrapolierte asymptotische Erhaltungsneigung an und dienen zur Abschätzung des Korrekturfaktors für $\omega(2)$.

Fig. 16: Mean equivalent conservation numbers $\varepsilon(N)$ and $\varepsilon_2(N)$ for single lines and for the sums of two single lines each of the rounded C8-deviations (years 1938-47). The dashed curves denote the extrapolated asymptotic conservation tendency and serve for the estimation of the correction factor for $\omega(2)$.

Diese "asymptotische Erhaltungszahl" ist dann ein Maß für die mittlere Erhaltungsneigung innerhalb der gesamten Zeile.

Nach Abb. 16 gibt aber auch hier dieses einfache Modell die tatsächlichen Verhältnisse nicht vollständig wieder. Sowohl $\varepsilon(N)$ als auch $\varepsilon_2(N)$ nehmen für größere N wieder kleinere Werte an. Da - anders als bei der Wiederholungsneigung (vgl. S. 15) - eine Ausgleichung in den r_τ hier nicht in Frage kommt, bleiben als einzig mögliche Erklärung für diese Abnahme systematisch negative Auto-Korrelationskoeffizienten. Über sie und den daraus folgenden "Bündelungseffekt" der erdmagnetischen Aktivität ist bereits an anderer Stelle berichtet worden ([11] Band 17, p. 62 und 68, sowie Band 7 p. 92).

Die in Abb. 16 gestrichelt dargestellten asymptotischen Erhaltungsneigungen wurden genähert extrapoliert durch Vernachlässigung des "Bündelungseffektes". Damit ergibt sich für die mittleren äquivalenten Wiederholungszahlen $\omega(2)$ ein Korrekturfaktor von 1,02. Die berechneten Werte von $\omega(2)$ liegen nur um etwa 2 % zu niedrig. Da dieser systematische Fehler im Einzelfall jedoch weit innerhalb der Grenzen der statistischen Streuung liegt, wurde von einer Korrektur der in Tab. 1 zusammengestellten Werte $\omega(n)$ abgesehen, sowohl für n = 2 als auch für die übrigen n, für die der zufällige Fehler nach § 8 in der gleichen Größenordnung liegt.

Zudem ist der gesamte systematische Fehler nach Abb. 15 noch etwas größer. Neben dem hier untersuchten Anteil, der allein auf die Erhaltungsneigung innerhalb der Zeilen zurückgeht, kann auch der vernachlässigte "Bündelungseffekt" zu einer Herabsetzung der Wiederholungsneigung beitragen. Ferner entsteht eine negative Tendenz für die äquivalenten Wiederholungszahlen möglicherweise auch infolge einer nicht symmetrischen Verteilung der C8 bezüglich des laufenden Mittels [*]. Die Pulse schwächerer Aktivität sind gegenüber denen stärkerer Aktivität bevorzugt. In diesem Sinne wirken insbesondere die starken Stürme, die jeweils zu einer Anhebung des laufenden 27-tägigen Mittels in einem Zeitraum gleicher Länge führen und damit zu einer Erniedrigung der berechneten äquivalenten Wiederholungszahlen.

---

[*] Ein interessanter Spezialfall: Zwischen zwei Zeilen mit jeweils 26 Werten -1 und einem Wert +1 besteht ein Korrelationskoeffizient von entweder +1,00 oder -1/26.

§ 10. Zufällige Verteilung

Der systematische Fehler, den Erhaltungsneigung, Bündelungseffekt und Unsymmetrie der Verteilung zusammen bewirken, läßt sich wiederum experimentell abschätzen durch einen Vergleichsversuch, bei dem das Ausgangsmaterial Zufallszahlen sind. Setzt man in einer Tabelle einzifriger Zufallszahlen [13] für jede 0 oder 1 eine 0, für jede 2, 4, 6 oder 8 eine +1 und für jede 3, 5, 7 oder 9 eine -1, so erhält man ein Kollektiv, das ähnlich dem der geschüttelten C8-Abweichungen in zufälliger Zeilenfolge ist (Tab. 12). Nur ist hier von vornherein (bei hinreichendem Umfang des Versuchs) eine symmetrische Verteilung gegeben, ohne jegliche Erhaltungsneigung oder Bündelungseffekt, d.h. mit sämtlich verschwindenden Auto-Korrelationskoeffizienten.

Die für die Zeilen in Tab. 12 mit Zufallszahlen berechneten äquivalenten Wiederholungszahlen $\omega(n)$ für n = 2, 4 und 8 zeigt Abb. 17. Sie sind in dieser Darstellung zu vergleichen mit den Ergebnissen des

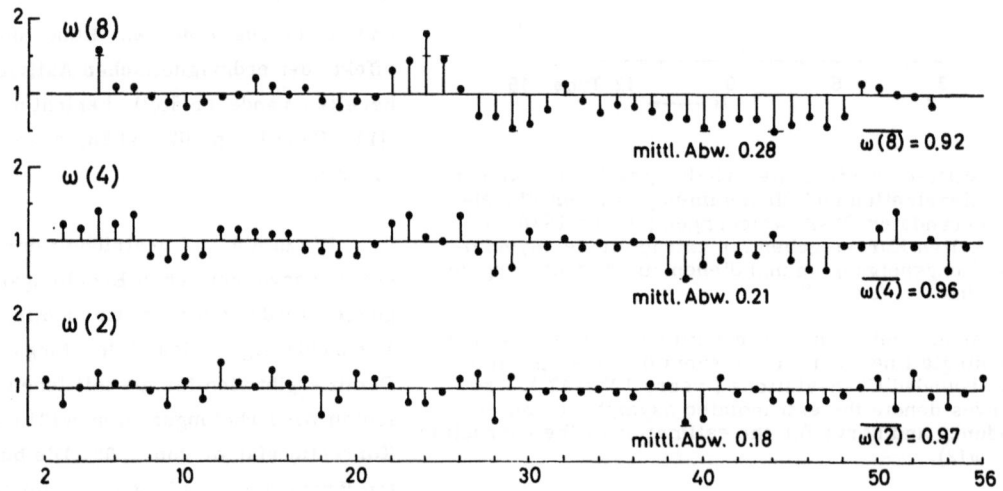

Abb. 17: Äquivalente Wiederholungszahlen $\omega(n)$ für die zufällige Verteilung in Tab. 12.

Fig. 17: Equivalent recurrence numbers $\omega(n)$ for the random distribution in Table 12.

Schüttelversuchs in Abb. 15. Die Verteilung der Zahlen $\omega(2)$ ist zufällig. Bei $\omega(4)$ und $\omega(8)$ tritt dagegen auch hier wieder die Ausgleichung benachbarter Zahlen in Erscheinung.

Der Vergleich der Abb. 17 mit Abb. 15 ergibt bei diesem Umfang der beiden Verteilungen keinen eindeutigen, statistisch gesicherten Unterschied der jeweiligen Mittelwerte $\overline{\omega(n)}$ in dem Sinne, daß jene für das Kollektiv der Zufallszahlen wirklich höher lägen als diejenigen beim Schüttelversuch. Ein etwa vorhandener Unterschied geht hier noch vollkommen in der statistischen Streuung der Mittelwerte unter. Von weiteren Untersuchungen mit Stichproben größeren Umfanges wurde abgesehen, da ein möglicherweise verbleibender systematischer Fehler durch die oben genannten Effekte in jedem Falle klein wäre gegenüber der mittleren Abweichung der Einzelwerte $\omega(n)$. Zudem ist für viele Fragen, z.B. bei einer harmonischen Analyse der $\omega(n)$, ein systematischer Fehler des Mittelwertes, wie er hier gesucht wurde, belanglos.

Der mittlere Fehler der Einzelwerte $\omega(n)$ selbst, der in § 8 zu etwa 0,25 bestimmt wurde, ist nach Abb. 17 auch bei reinen Zufallswerten von der gleichen Größenordnung. Durch den Schüttelversuch in Abb. 15 wird also der statistische Hintergrund für die äquivalenten Wiederholungszahlen in der Tat bereits sehr genau wiedergegeben.

Nr.			
1	+++---+-o	-o+------o	--++-oo--
2	--+-oo+o-	o-+++o---	-----o+--
3	-+o+ooo-+	o++-o-o++	oo+++++-o
4	o-oo--oo-	o-o-o-o-+	-+----+o+
5	-+-o--o-+	o-+oo-+o+	oo+-o-o-+
6	-+++-o+o-	-o++-o---	o+o--o+oo
7	++---+o--	--oo-++o-	+-+o-+--+
8	-++---+o+	o-++o+---	o---+-o++
9	---+--+++	++---o+-+	-+-+o+-o-
10	-+--++o-o	+-o+--+o-	-+++-+-+-
11	--+o+--o+	+-o+oo-+o	------+o+
12	+-+-+o--+	--++oo+++	+--+---o+
13	++o+---o+	---++-+-+	-o+---+++
14	o+---o---	-----o---	++-+-+o++
15	+o-++--o+	o-+--o-o-	++o--+-+-
16	+o++++-o-	+oo+++---	----o+o+-
17	-+---+---	-+-++-+o-	-oo++++o++
18	+-++++ooo	-+oo-+oo+	o----o-oo
19	-+oo-+-+-	-++-o+---	++++--+-+
20	-o-+o---o	-o-+----o	++o---+--
21	+--o+-+-+	++----++-	++-++-++-
22	-++++---o	++-+-++o-	--o-o----
23	+-o+-++o+	++--+-++-	++-+----++
24	-++++-+--	o+---++++	o++-++-o-
25	-+-++--++	o+-+o---o	+++---++o
26	o+--+ooo-	-+o+--+++	-+++-o-+-
27	o+--+---+	+o-++---	-+-+-o++-
28	+-++-+o--	o+---+-+-	o-o-+-o--
29	ooo+-+o+-	+o-+ooo-+	o--++o--o
30	o-o---o-+	----++-++	-o+o+o--o
31	-o+-oo--o	-----++-o	+--+--o--
32	---++-++-	-++-o++++	-o++o--++
33	-+++o+oo+	+o+-++-+-	---++oo+
34	-++--+++-	+--oo+o-+	-+oo-o+-o
35	+o-+-++++	--+-++---	oo--o+o++
36	------++o	-+++--+--	+--+--+--
37	+oo+oo++-	++o-+-o+-	+o--o++oo
38	++----+-o-	+++-++--+	-+o--+-++
39	--+++--oo	--+++-+--	--o-+-o--
40	-+o-o+--+	o--+-+-++	++---+++o
41	++o-+----	ooo+--+--	++-oooo+-
42	o+-+o--++	++-+o+---	--o+++-o+
43	++++-o+oo	oo+-----+	+oo+++---
44	--++-+++-	+--++o---	-++-++++
45	+--o+o-o-	+++oo+o-+	oo++oo--o
46	+++---o++	+o+++o++-	o--o+++-+
47	o-+--++--	--++o-+++	+++------
48	-+-+o+o-o	+o-o-o+-o	ooo-o--o+
49	-++---+-+	++-+++o+o	-+-o+oo-o
50	+o-+---o+	-+--++-++	-o+-+--o-
51	--oo-+o-o	++o+-----	oo-++--o
52	+o-+o-o-+	+++o++++-	++-++-+-+
53	--++++o-	-o--o-++-	---+---oo
54	---+-+-+o	++++-+-o+	----+++++
55	-o--+----	---oo-ooo	--o-+ooo
56	++o++++-+	-++oo--++	-+++-+-++

<u>Tabelle 12:</u> Zufällige Verteilung der Zahlen +1 (+), 0 (o) und -1 (-), angeordnet nach "fiktiven Sonnenrotationen" von jeweils 27 Werten.

<u>Table 12:</u> Arbitrary distribution of the numbers +1 (+), 0 (o) and -1 (-), arranged according to "fictitious solar rotations" of 27 values each.

A 1.

Anhang

Zur Morphologie der betrachteten Zeitreihen

A 1. Zufällige Zeitreihen

Gegeben sei eine (sehr lange) Beobachtungsreihe, unterteilt in lauter kleine Abschnitte zu jeweils N Einzeldaten. Für den Fall einer reinen Zufallsverteilung in der gesamten Reihe (keine Erhaltungs- und keine Wiederholungsneigung) gilt für die Streuung m_M^2 der Mittelwerte dieser jeweils N Einzelwerte das bekannte Fehlerfortpflanzungsgesetz

$$m_M^2 = m^2 (N) = \frac{m^2}{N} \qquad (1)$$

wobei m^2 die Streuung der Einzelwerte innerhalb der gesamten Reihe ist. Abweichungen von dem allgemeinen Gesetz (1) lassen auf eine Erhaltungsneigung schließen. Die äquivalente Erhaltungszahl[*]

$$\varepsilon (N) = \frac{m^2 (N)}{m^2 / N} \qquad (2)$$

ist ein Maß für die durchschnittliche Erhaltungsneigung innerhalb der gesamten Zeile; das Verhältnis

$$\delta (N) = \frac{N}{\varepsilon (N)} \qquad (3)$$

ist die effektive Anzahl unabhängiger Werte innerhalb der Abschnitte von je N Einzelwerten.

Um eine ähnliche Maßzahl für die Wiederholungsneigung herzuleiten, wird für die vorliegende Beobachtungsreihe eine neue Gruppeneinteilung gewählt: Die erste Gruppe wird gebildet aus den jeweils ersten Werten von n aufeinanderfolgenden früheren Abschnitten, die zweite Gruppe aus den zweiten Werten usw. Wenn also n der früheren Abschnitte, untereinander geschrieben werden, bilden die Spalten dieser Matrix die neuen Gruppen. Insgesamt gibt es N solcher Gruppen. Diese n-zeilige und N-spaltige Matrix wird als Stichprobe aus einem hypothetischen Kollektiv angesehen, bestehend aus sehr vielen statistisch äquivalenten Matrizen (Abb. 18), die aber nicht aus den früheren und späteren Abschnitten der vorliegenden Beobachtungsreihe gebildet werden können. In solchem Falle würde die Rechnung lediglich ein Maß für die durchschnittliche Wiederholungsneigung in der gesamten Beobachtungsreihe ergeben, dagegen keinerlei Aussagen über die zeitliche Änderung innerhalb dieser gewinnen lassen. Eine Mittelung über den Zeitraum von n Einzelabschnitten bzw. Perioden läßt sich allerdings auch hier nicht vermeiden.

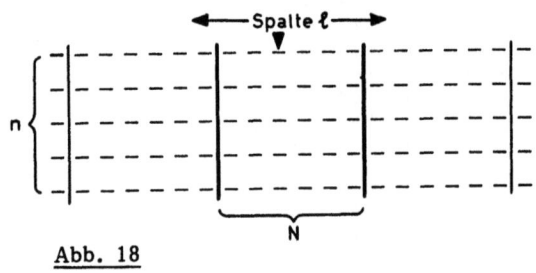

Abb. 18

---

[*]) Siehe [17] Chapter XVI. 27. Die von BARTELS [4], [11] als Maß für die Erhaltungsneigung ursprünglich genannte "äquivalente Wiederholungszahl" wurde hier, im Einvernehmen mit Prof. BARTELS, neu bezeichnet als "äquivalente Erhaltungszahl" (" equivalent conservation number " = equivalent number of repetitions). Die Bezeichnung "äquivalente Wiederholungszahl" (" equivalent recurrence number " = equivalent number of repeated sets) wird künftig nur noch für das entsprechende Maß der Wiederholungsneigung benutzt (vgl. Absatz A2). Derartige Um- und Neubenennungen sind häufig bei einer Erweiterung des Rahmens von Untersuchungen, Methoden oder auch unserer Kenntnisse für eine sinnvolle Nomenklatur notwendig.

Es soll berechnet werden die mittlere quadratische Abweichung $m_M^2 \equiv m^2(N)$ der Spaltenmittelwerte, also die Streuung innerhalb der Durchschnittszeile aus n Einzelzeilen, und zwar jeweils aus dem gesamten hypothetischen Kollektiv (unendlich lange Zeilen); m_ν^2 sei die Steuung innerhalb der ν-ten Einzelzeile ($\nu = 1, \ldots, n$). Dabei sind die Abweichungen in der Durchschnittszeile als auch in den Einzelzeilen jeweils vom Mittelwert $\overline{M}$ des gesamten (unendlichen) Kollektivs zu nehmen, aus dem die vorliegenden N Einzelwerte als Stichprobe erscheinen. M_ℓ sei der Mittelwert der Spalte ℓ. Dann ist

$$m_M^2 = m^2(n) = \overline{(M_\ell - \overline{M})^2}^\ell = \overline{M_\ell^2}^\ell - 2\overline{M_\ell}^\ell \overline{M} + \overline{M}^2 = \overline{M_\ell^2}^\ell - \overline{M}^2 \quad . \tag{4}$$

Die Zufallsverteilung y_i sei zunächst nicht zentriert ($\overline{M} \equiv \overline{M}_y \neq 0$). Die entsprechenden zentrierten Werte seien $x_i = y_i - \overline{M}_y$ mit $\overline{M}_x = 0$. Der Spaltenmittelwert M_ℓ der ℓ-ten Spalte ist dann gleich

$$M_\ell = \frac{1}{n}(y_1^{(\ell)} + \ldots + y_n^{(\ell)}) = \frac{1}{n}(x_1^{(\ell)} + \ldots + x_n^{(\ell)}) + \overline{M}_y \quad . \tag{5}$$

Dabei gibt der untere Index bei $y_\nu^{(\ell)}$ und $x_\nu^{(\ell)}$ jeweils die Zeilennummer an ($\nu = 1, \ldots, n$), der obere Index die Spaltennummer ℓ, durchnumeriert innerhalb des gesamten Kollektivs. Unter N ist im folgenden der laufende Gruppenindex innerhalb einer Stichprobe zu verstehen (hier $N = 1, \ldots, 27$), die Anzahl der vorhandenen Gruppen wird mit N_0 ($= 27$) bezeichnet. Quadrieren von (5) und Mittelung über alle Werte von ℓ ergibt, da sämtliche Korrelationskoeffizienten zwischen je zwei Zeilen des gesamten Kollektivs verschwinden,

$$\overline{M_\ell^2}^\ell = \frac{1}{n^2}(m_1^2 + \ldots + m_n^2) + \frac{2}{n}\overline{M}_y \overline{(x_1^{(\ell)} + \ldots + x_n^{(\ell)})}^\ell + \overline{M}_y^2 \quad . \tag{7}$$

Mit $\overline{M}_x = 0$ und der Abkürzung

$$\frac{1}{n}\sum_{\nu=1}^{n} m_\nu^2 = \overline{m_\nu^2}^\nu = m^2 \tag{8}$$

erhält man bei geeigneter Interpretation das Fehlerfortpflanzungsgesetz für das vorliegende Problem in der gleichen Form wie früher:

$$m_M^2 = m^2(n) = \frac{m^2}{n} \quad . \tag{9}$$

Gemittelt werden muß hierbei, wie aus der Herleitung hervorgeht, jeweils über die gesamte (unendliche) Zeile. Die genauen Werte für die m_ν^2 und m_M^2 sind deshalb unbekannt und können nur mit Hilfe der gegebenen Stichprobe vom Umfang $N_0 = 27$ geschätzt werden. Exakt gilt noch

$$m_\nu^2 = \frac{N_0}{N_0 - 1} m_\nu'^2 \quad , \tag{10}$$

wenn unter $m_\nu'^2$ die mittlere quadratische Abweichung innerhalb der ν-ten Zeile jeder Stichprobe verstanden wird, gemittelt über alle möglichen Stichproben. Da aber auch dieser Mittelwert unbekannt ist, wird der aus der vorliegenden Stichprobe berechnete Wert für die mittlere quadratische Abweichung als S c h ä t z w e r t für $m_\nu'^2$ angesehen und zur Berechnung der Streuung innerhalb der unendlich langen Einzelzeilen nach (10) benutzt.

Für die mittlere quadratische Abweichung innerhalb des gesamten hypothetischen Kollektivs gilt nach (8) und (10) ebenfalls noch exakt die Beziehung

$$m^2 = \frac{N_0}{N_0 - 1} m'^2 \tag{11}$$

A 2.

mit

$$m'^2 = \frac{1}{n} \sum_{\nu=1}^{n} m'^2_\nu \quad , \tag{12}$$

wobei aber wiederum aus der vorliegenden Stichprobe nur ein Schätzwert für m'^2 berechnet werden kann, und zwar mit den n Schätzwerten für die einzelnen m'^2_ν ($\nu = 1, \ldots, n$). Analog zur Gleichung (10) für die Einzelzeilen gilt für die Streuung innerhalb der Durchschnittszeile, mit der entsprechenden Bedeutung für m'^2_M,

$$m^2_M = \frac{N_o}{N_o - 1} m'^2_M \quad . \tag{13}$$

A 2. Zeitreihen mit Wiederholungsneigung, aber ohne Erhaltungsneigung

Der vorangegangene Abschnitt behandelte eine reine Zufallsverteilung. Es wird auch weiterhin zunächst abgesehen von der Erhaltungsneigung innerhalb der Einzelzeilen. In jeder Zeile besteht also wiederum eine Zufallsverteilung. Nimmt man aber jetzt an, daß jede von n' ursprünglich voneinander unabhängigen Zeilen w-mal identisch wiederholt sei, so ist die Gesamtzahl der Zeilen

$$n = n' \cdot w \quad . \tag{14}$$

Die wirkliche, zufallsbedingte Streuung innerhalb der Durchschnittszeile ist aber unabhängig von w und zwar gleich

$$m^2_M = m^2(n) = \frac{m^2}{n'} = \frac{m^2}{n/w} \quad . \tag{15}$$

Die Anzahl der jeweiligen identischen Wiederholungen ist damit gleich

$$w = \frac{m^2(n)}{m^2/n} \quad . \tag{16}$$

Im Falle einer reinen Zufallsverteilung im gesamten Kollektiv ist nach dem Fehlerfortpflanzungsgesetz (9) $w = 1$. Im Falle, daß sämtliche Zeilen identisch gleich sind ($n' = 1$), ist nach (14) $w = n$. Im allgemeinen ist

$$1 \quad \leq \quad w = \frac{n}{n'} \quad \leq \quad n \quad . \tag{17}$$
(Zufallsverteilung)   (alle Zeilen identisch gleich)

Dieses Schema für mehrmalige vollkommene Wiederholungen der Einzelzeilen wird nun formal auch auf solche Zeilen übertragen, zwischen denen nur eine mehr oder weniger stark ausgeprägte Wiederholungsneigung besteht. Der Quotient

$$\omega(n) = \frac{m^2(n)}{m^2/n} \tag{18}$$

definiert eine äquivalente Wiederholungszahl unter den n betrachteten Zeilen (im vorliegenden Beispiel entsprechend n Sonnenrotationen). Die Zahl

$$\varphi(n) = \frac{n}{\omega(n)} \tag{19}$$

heißt effektive Anzahl unabhängiger Zeilen unter den n betrachteten. Im allgemeinen liegt auch ω(n) in den Grenzen

$$1 \leqq \omega(n) \leqq n \qquad (20)$$

und zwar ist ω(n) = 1 bei zufälliger Anordnung, wenn das Fehlerfortpflanzungsgesetz (9) gilt, und ω(n) = n bei n identisch gleichen Zeilen ($m^2(n) = m^2$). Werte ω(n) < 1 können auftreten bei entgegengesetzter, negativer Wiederholungsneigung, bei der die Streuung in der Durchschnittszeile durch Ausgleichung herabgesetzt ist $\left(m^2(n) < m^2\right)$.

Die Reduktion der Formel (18) auf den endlichen Umfang N_o der vorliegenden Stichprobe erfolgt wieder über die Gleichungen (10) – (13). Dabei fällt N_o selbst heraus, und man erhält:

$$\boxed{\omega(n) = \frac{m'^2(n)}{m'^2/n}} \qquad (21)$$

Auch diese Gleichung gilt noch exakt, wenn man unter $m'^2(n)$ die mittlere quadratische Abweichung in der Durchschnittszeile einer Stichprobe, im Mittel über alle möglichen Stichproben, versteht und unter $m'^2 = \overline{m'^2_\nu}$ den Mittelwert der mittleren quadratischen Abweichungen in den n Einzelzeilen, ebenfalls im Mittel über alle Stichproben.

Man müßte also eigentlich jeweils unendlich lange Zeilen haben, die überall statistisch gleichwertig sind. So wie man in der Statistik der unabhängigen Ereignisse einen Versuch sehr oft wiederholt (oder mehrere unabhängige Versuche gleichzeitig betrachtet), müßte man hier die Sonne im gleichen Zustand immer wieder um 27 Tage zurückdrehen, um solche statistisch gleichwertigen Stichproben zu erhalten. Da dieses aber prinzipiell unmöglich ist, muß man in jedem einzelnen Fall die Schätzwerte für $m'^2(n)$ und m'^2 der vorhandenen Stichprobe entnehmen. Dadurch und bisher nur dadurch werden die Ergebnisse für ω(n) mit einem Fehler behaftet, der gesondert abgeschätzt werden muß (siehe §§ 8 u. 10).

A 3. Zeitreihen mit Wiederholungs- und Erhaltungsneigung

Die bisher unberücksichtigt gebliebene Erhaltungsneigung innerhalb der Zeilen stellt eine weitere mögliche Fehlerquelle dar für die aus der vorliegenden Stichprobe berechnete äquivalente Wiederholungszahl ω(n) gegenüber ihrem wahren Wert bezüglich unendlich langer Zeilen. Da aber die mittlere quadratische Abweichung in einer unendlichen Folge von Zufallswerten unabhängig ist von einer mehrmaligen vollkommen Erhaltung [*] jedes Einzelwertes, ändert sich — in Übertragung dieses Sachverhaltes auf Zeilen mit nur einer Erhaltungsneigung — der wahre Wert von ω(n), bezogen auf unendlich lange Zeilen, durch eben diese Erhaltungsneigung nicht. Eine Änderung von ω(n) tritt erst auf bei Betrachtung der endlichen Stichproben. An Stelle des wirklichen Stichprobenumfanges N_o tritt dann die effektive Anzahl unabhängiger Werte unter den N_o, nämlich

$$\delta(N_o) = \frac{N_o}{\varepsilon(N_o)} \qquad (22)$$

Für die mittlere quadratische Abweichung in der ν-ten Einzelzeile gilt dann (vgl. Gleichung (10))

$$m^2_\nu = \frac{\delta_\nu(N_o)}{\delta_\nu(N_o) - 1} m'^2_\nu = \frac{N_o}{N_o - \varepsilon_\nu(N_o)} m'^2_\nu \,, \qquad (23)$$

und für den Mittelwert der Streuung aus sämtlichen n Zeilen (vgl. (11), (12)) erhält man

---

[*] um hier nicht das Wort "Wiederholung" zu gebrauchen

A 4.

$$m^2 = \frac{N_o}{n} \sum_{\nu=1}^{n} \frac{m'^2_\nu}{N_o - \varepsilon_\nu(N_o)} \quad . \tag{24}$$

Für die mittlere quadratische Abweichung in der Durchschnittszeile gilt in entsprechender Weise (vgl. Gleichung (13))

$$m^2_M = \frac{N_o}{N_o - \varepsilon_M(N_o)} \, m'^2_M \quad . \tag{24'}$$

Damit nimmt die Formel für die äquivalente Wiederholungszahl $\omega(n)$ die Gestalt an

$$\boxed{\omega(n) = \frac{n^2 \, m'^2(n)}{[N_o - \varepsilon_M(N_o)] \sum_{\nu=1}^{n} \frac{m'^2_\nu}{N_o - \varepsilon_\nu(N_o)}}} \tag{25}$$

Auch diese Gleichung gilt noch exakt, wenn unter $m'^2(n)$ und m'^2 jeweils der Mittelwert aus unendlich vielen Stichproben verstanden wird. Für die tatsächliche Berechnung von $\omega(n)$ können aber wieder nur Schätzwerte aus e i n e r Stichprobe eingesetzt werden.

Die Erhaltungsneigungen $\varepsilon_\nu(N_o)$ in den Einzelzeilen ($\nu = 1, \ldots, n$) und $\varepsilon_M(N_o)$ in der Durchschnittszeile können verschieden sein. Sie können aber aus einer kurzen Stichprobe heraus nicht bestimmt werden. Berechnet werden können jeweils nur durchschnittliche Erhaltungsneigungen aus längeren Beobachtungsreihen. Mit diesen Durchschnittswerten – $\varepsilon(N_o)$ für die Einzelzeilen und $\varepsilon_M(N_o)$ für die Durchschnittszeile – wird aus Gleichung (25)

$$\boxed{\omega(n) = \frac{N_o - \varepsilon(N_o)}{N_o - \varepsilon_M(N_o)} \cdot \frac{m'^2(n)}{m'^2/n}} \quad . \tag{26}$$

Nur wenn die durchschnittliche Erhaltungsneigung in den Einzelzeilen gleich ist derjenigen in der Durchschnittszeile, ist der "Korrektionsfaktor" $(N_o - \varepsilon(N_o))/(N_o - \varepsilon_M(N_o))$ für die nach Gleichung (21) berechneten Werte von $\omega(n)$ gleich 1. Diese Annahme liegt den numerischen Rechnungen zugrunde und stellt eine weitere Quelle möglicher Fehler dar, die in diesem Falle auch systematischer Natur sein können. Über die Abschätzung dieses Fehlers vgl. § 9.

A 4. **Die Beziehung zwischen der äquivalenten Wiederholungszahl und den Korrelationskoeffizienten**

Die verschiedenen Korrelationskoeffizienten zwischen den n (unendlichen) Zeilen des hypothetischen Kollektivs sind definiert als

$$r_{\nu\tau} = \frac{\overline{x^{(\ell)}_\nu \cdot x^{(\ell)}_{\nu+\tau}}^\ell}{m_\nu \cdot m_{\nu+\tau}} \quad , \quad \begin{array}{l}(\nu = 1, \ldots, n-1) \\ (\tau = 1, \ldots, n-\nu)\end{array} \quad . \tag{27}$$

Wenn zwischen den Zeilen eine Wiederholungsneigung besteht, können die Korrelationskoeffizienten nicht mehr sämtlich verschwinden wie im Falle einer reinen Zufallsverteilung (vgl. A1). An Stelle des Fehlerfortpflanzungsgesetzes (9) erhält man für die mittlere quadratische Abweichung in der (unendlichen) Durchschnittszeile

$$m_M^2 = m^2(n) = \overline{M_\ell^2}^\ell - \overline{M}^2 = \frac{1}{n^2}(m_1^2 + \ldots + m_n^2) +$$

$$+ \frac{2}{n^2}\left(\sum_{\nu=1}^{n-1} r_{\nu 1}\, m_\nu\, m_{\nu+1} + \sum_{\nu=1}^{n-2} r_{\nu 2}\, m_\nu\, m_{\nu+2} + \ldots + r_{1(n-1)}\, m_1\, m_n\right). \tag{28}$$

Im Falle sämtlich gleicher m_ν ($m_1 = \ldots = m_n = m$) geht diese Gleichung mit der Abkürzung

$$r_\tau = \frac{1}{n-\tau}\sum_{\nu=1}^{n-\tau} r_{\nu\tau} = \overline{r_{\nu\tau}}^\nu \tag{29}$$

über in

$$m^2(n) = \frac{1}{n^2}(n\, m^2 + 2(n-1)\, r_1\, m^2 + 2(n-2)\, m^2\, r_2 + \ldots + 2m^2 r_{n-1}). \tag{30}$$

Damit erhält man zwischen der äquivalenten Wiederholungszahl $\omega(n)$ und den mittleren Korrelationskoeffizienten die Beziehung

$$\boxed{\omega(n) = \frac{m^2(n)}{m^2/n} = 1 + 2\,\frac{n-1}{n}\, r_1 + 2\,\frac{n-2}{n}\, r_2 + \ldots + \frac{2}{n}\, r_{n-1}} \tag{31}$$

Wenn die Vorausetzung sämtlich gleicher m_ν ($\nu = 1, \ldots, n$) nicht erfüllt ist, gilt allgemein nur

$$\omega(n) = 1 + \frac{2}{n}\left(\sum_{\nu=1}^{n-1} r_{\nu 1}\,\frac{m_\nu \cdot m_{\nu+1}}{m^2} + \sum_{\nu=1}^{n-2} r_{\nu 2}\,\frac{m_\nu \cdot m_{\nu+2}}{m^2} + \ldots + r_{1(n-1)}\,\frac{m_1\, m_n}{m^2}\right) \tag{32}$$

mit

$$m^2 = \frac{1}{n}\sum_{\mu=1}^{n} m_\mu^2. \tag{33}$$

Dabei beziehen sich aber auch hier die $r_{\nu\tau}$ bzw. r_τ jeweils auf die unendlichen Zeilen.

Die Gleichung (31) besagt nun folgendes: Bei geophysikalischen Zeitreihen mit quasi-persistenten Perioden besteht zunächst gewöhnlich eine relativ hohe Neigung zur Wiederkehr, entsprechend relativ hohen postiven Korrelationskoeffizienten r_τ für kleine τ. Die Wiederholungsneigung klingt dann nach einiger Zeit ab, und schließlich besteht zwischen Perioden in größerem Abstand (etwa τ_0 Perioden) keinerlei Korrelation mehr: $r_\tau = 0$ für $\tau \geqq \tau_0$. Dementsprechend wächst $\omega(n)$ zunächst mit wachsendem n, um dann für große n einem Grenzwert $\omega(\infty)$ zuzustreben (Abb. 19):

$$\omega(\infty) = 1 + 2(r_1 + r_2 + \ldots + r_{\tau_0 - 1}). \tag{34}$$

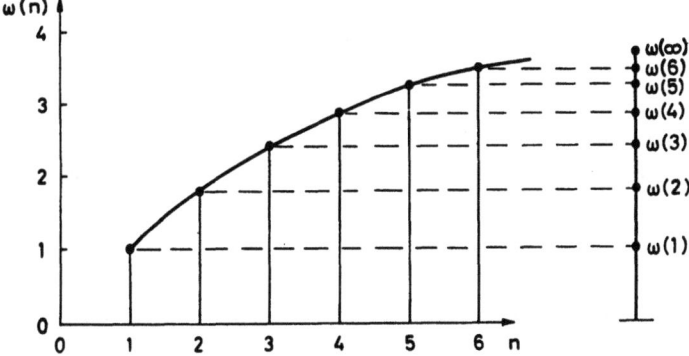

Abb. 19: Asymptotische Quasi-Persistenz in zwei- und eindimensionaler Darstellung

Diese asymptotische Quasi-Persistenz kann aber nur auftreten, wenn die Korrelationskoeffizienten r_τ im gesamten Beobachtungsmaterial konstant sind. In allen anderen Fällen sind unter den r_τ, gemäß Gleichung (29), die mittleren Korrelationskoeffizienten zwischen den n Zeilen zu verstehen. Dadurch kann an Stellen mit zunächst hoher Wiederholungsneigung — entsprechend großen Korrelationskoeffizienten $r_{\nu\tau}$ — die äquivalente Wiederholungszahl $\omega(n)$ mit wachsendem n auch wieder abnehmen, nämlich dann, wenn solche Abschnitte aus der Beobachtungsreihe mit einbezogen werden, zwischen deren Zeilen nur eine schwache Wiederholungsneigung besteht — entsprechend kleinen Korrelationskoeffizienten $r_{\nu\tau}$. Da der umgekehrte Effekt auftritt an Stellen mit zunächst kleinerem $\omega(n)$ als an benachbarten Stellen, führt er insgesamt mit wachsendem n zu einer Ausgleichung der an benachbarten Stellen der Beobachtungsreihe berechneten äquivalenten Wiederholungszahlen, und $\omega(\infty)$ ist dann lediglich ein Maß für die **durchschnittliche** Wiederholungsneigung innerhalb des gesamten Materials. Es muß im einzelnen Fall entschieden werden, welcher Wert von n für die jeweilige Fragestellung am zweckmäßigsten ist.

A 5. Ein Vektormodell für die äquivalente Wiederholungszahl

Der Korrelationskoeffizient einer zentrierten ebenen Punktwolke (x_{1i}, x_{2i}), $i = 1, \ldots, N$, läßt sich folgendermaßen deuten: Faßt man jeweils die erste Koordinate eines jeden Punktes als Komponente eines N-dimensionalen Vektors $\mathfrak{k}_1 = \{x_{1i}\}$ auf und die zweite Koordinate als Komponete eines Vektors $\mathfrak{k}_2 = \{x_{2i}\}$, so ist der Korrelationskoeffizient r gleich dem Kosinus des von $\mathfrak{k}_1$ und $\mathfrak{k}_2$ eingeschlossenen Winkels ϑ_N:

$$r = \frac{\sum_{i=1}^{N} x_{1i} x_{2i}}{\sqrt{\sum_{i=1}^{N} x_{1i}^2 \sum_{i=1}^{N} x_{2i}^2}} = \frac{\mathfrak{k}_1 \cdot \mathfrak{k}_2}{|\mathfrak{k}_1| \cdot |\mathfrak{k}_2|} = \cos \vartheta_N . \tag{35}$$

In ähnlicher Weise kann der Kosinus des Winkels zwischen den beiden 27-dimensionalen Vektoren $\mathfrak{y}_\nu$ ($\nu = 1, 2$), deren Komponenten die jeweils 27 gerundeten C8-Abweichungen $y_{\nu i}$ ($i = 1, \ldots, 27$) einer Einzelzeile des vorliegenden Materials sind, als ein anschauliches Maß für die Korrelation der erdmagnetischen Aktivität in den beiden entsprechenden Sonnenrotationen angesehen werden:

$$\cos \vartheta_{27} = \frac{\mathfrak{y}_1 \cdot \mathfrak{y}_2}{|\mathfrak{y}_1| \cdot |\mathfrak{y}_2|} = \frac{\sum_{i=1}^{27} y_{1i} y_{2i}}{\sqrt{\sum_{i=1}^{27} y_{1i}^2 \sum_{i=1}^{27} y_{2i}^2}} = r' . \tag{36}$$

Geringfügige Abweichungen zwischen r' und dem wahren Korrelationskoeffizienten r sind auf die nicht vollkommen verschwindenden Mittelwerte $\overline{y_{\nu i}}$ zurückzuführen. Im Falle zweier aufeinanderfolgender Sonnenrotationen können die Werte r' + 1 direkt verglichen werden mit den äquivalenten Wiederholungszahlen $\omega(2)$. Die in Abb. 20 zusammen dargestellten Zahlenwerte von r' + 1 und $\omega(2)$ für das Jahr 1943 zeigen eine gute Übereinstimmung.

Eine Verallgemeinerung der Beziehungen (35) und (36) zur Veranschaulichung auch der äquivalenten Wiederholungszahlen $\omega(n)$ für $n > 2$ durch Winkelfunktionen ist möglich, wenn man beachtet, daß die Orthogonalität eines Systems von mehr als zwei Vektoren — und damit auch eine mehrdimensionale Korrelation zwischen ihren Komponenten — zurückgeführt wird auf die Orthogonalität bzw. partielle Korrelation aller **Paare** von Vektoren. Veranschaulicht werden können in der obigen Art für längere Perioden nur durchschnittliche Korrelationskoeffizienten zwischen jeweils zwei Zeilen.

Bezeichnet man mit $\vartheta_{\nu\tau}$ den Winkel zwischen dem festen Vektor $\mathfrak{y}_\nu$, gebildet aus der ν-ten Zeile ($\nu = 1, \ldots, n$), und dem Vektor $\mathfrak{y}_\tau$, gebildet aus der τ-ten Zeile ($\tau = 1, \ldots, n$), so kann der Mittelwert $\overline{r'_{\nu\tau}} = \overline{\cos \vartheta_{\nu\tau}}$, gemittelt über alle $\tau \neq \nu$, angesehen werden als ein Maß für die durchschnittliche Stärke der Wiederholung einer bestimmten (der ν-ten) Einzelzeile innerhalb einer Periode von n Sonnenrotationen:

$$\overline{r'_{\nu\tau}} = \overline{\cos\vartheta_{\nu\tau}}^{\tau} = \frac{1}{n-1} \sum_{\substack{\tau=1 \\ \tau \neq \nu}}^{n} \frac{\vartheta_\nu \cdot \vartheta_\tau}{|\vartheta_\nu| \cdot |\vartheta_\tau|} = \frac{1}{n-1} \frac{\vartheta_\nu}{|\vartheta_\nu|} \sum_{\substack{\tau=1 \\ \tau \neq \nu}}^{n} \frac{\vartheta_\tau}{|\vartheta_\tau|} ; \quad (\nu = 1, \ldots, n; \text{ fest}) . \qquad (37)$$

Mittelt man für eine feste Periode über die den n Einzelzeilen entsprechenden Werte $\overline{r'_{\nu\tau}}$ ($\nu = 1, \ldots, n$), so erhält man als Maß für die mittlere allgemeine Wiederholungsneigung innerhalb dieser Periode

$$\overline{r'}(n) = \overline{\overline{r'_{\nu\tau}}^{\tau}}^{\nu} = \frac{1}{n(n-1)} \sum_{\nu=1}^{n} \sum_{\substack{\tau=1 \\ \tau \neq \nu}}^{n} \frac{\vartheta_\nu \cdot \vartheta_\tau}{|\vartheta_\nu| \cdot |\vartheta_\tau|} = \frac{1}{n(n-1)} \sum_{\nu=1}^{n} \frac{\vartheta_\nu}{|\vartheta_\nu|} \sum_{\substack{\tau=1 \\ \tau \neq \nu}}^{n} \frac{\vartheta_\tau}{|\vartheta_\tau|} . \qquad (38)$$

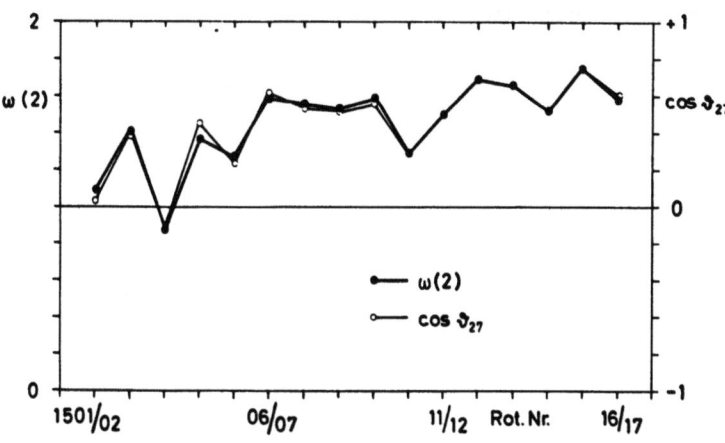

Abb. 20: $\cos\vartheta_{27}$ und $\omega(2)$ für das Jahr 1943.
Fig. 20: $\cos\vartheta_{27}$ and $\omega(2)$ for the year 1943.

Für n = 2 erhält man in beiden Fällen wieder die Werte r', die — um 1 erhöht — genähert übereinstimmen mit den äquivalenten Wiederholungszahlen $\omega(2)$. Für n > 2 können $\overline{r'_{\nu\tau}}$ und $\overline{r'}(n)$ jedoch nicht unmittelbar mit den berechneten Werten $\omega(n)$ verglichen werden (Beispiel für n = 4 aus dem Jahre 1943 in Abb. 21).

Eine genäherte Übereinstimmung beider Maßzahlen kann auf folgende Weise erreicht werden: Die Gleichung (31) läßt sich schreiben in Form einer einfachen Beziehung zwischen der äquivalenten Wiederholungszahl $\omega(n)$ und einem mittleren Korrelationskoeffizienten $\overline{r}(n)$ innerhalb von n Sonnenrotationen:

$$\omega(n) = 1 + (n-1) \cdot \overline{r}(n) \qquad (39)$$

mit

$$\overline{r}(n) = \overline{\overline{r_{\nu\tau}}^{\tau}}^{\nu} = \frac{1}{n(n-1)} \sum_{\nu=1}^{n} \sum_{\substack{\tau=1 \\ \tau \neq \nu}}^{n} \frac{\mathfrak{r}_\nu \cdot \mathfrak{r}_\tau}{|\mathfrak{r}_\nu| \cdot |\mathfrak{r}_\tau|} \qquad (40)$$

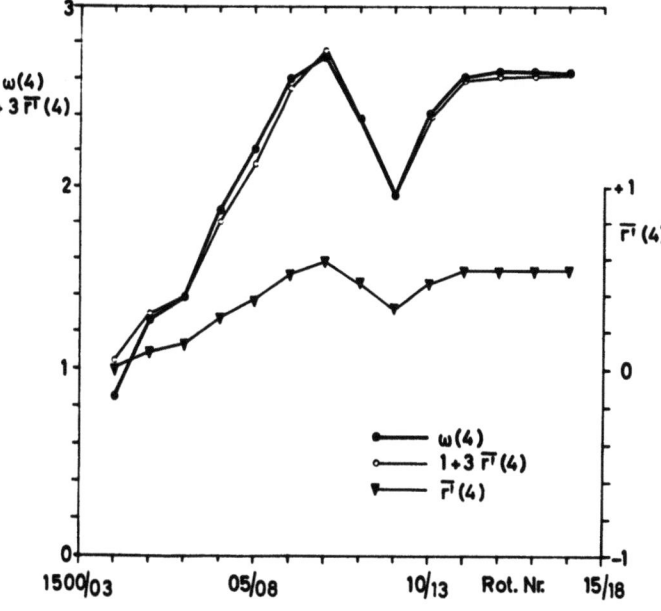

Abb. 21: Zur vektoriellen Veranschaulichung der äquivalenten Wiederholungszahl $\omega(4)$ in einer Zeit mit hoher Wiederholungsneigung (1943). $\overline{r'}(4)$ ist der mittlere Kosinus der Winkel zwischen den Vektoren für vier aufeinanderfolgende Zeilen der gerundeten C8-Abweichungen.

Fig. 21: To the vector illustration of the equivalent recurrence number $\omega(4)$ for a time with high recurrence tendency (1943). $\overline{r'}(4)$ is the mean cosine of the angle between the vectors for four successive lines of the round C8-deviations.

Dabei sind die Komponenten der Vektoren $\mathfrak{z}_v$ und $\mathfrak{z}_\tau$ jeweils die **zentrierten** gerundeten C8-Abweichungen:

$$\mathfrak{z} = \mathfrak{y} - \frac{1}{N}(\mathfrak{y} \cdot \mathfrak{r}) \cdot \mathfrak{r} \, , \quad (\mathfrak{r} = \text{Einheitsvektor}) \, . \tag{41}$$

Da die Werte $\overline{r'}(n)$ grundsätzlich nicht sehr viel von den mittleren Korrelationskoeffizienten $\overline{r}(n)$ abweichen, lassen sich nach Gleichung (39) die äquivalenten Wiederholungszahlen $\omega(n)$ direkt vergleichen mit den Werten von $1 + (n-1) \cdot \overline{r'}(n)$ (vgl. Abb. 21). Der mittlere Kosinus aller auftretenden Winkel zwischen den Vektoren für n aufeinanderfolgende Zeilen der gerundeten C8-Abweichungen kann in diesem Sinne ganz allgemein zur Veranschaulichung der äquivalenten Wiederholungszahl dienen.

Den Herren Dr. M. Siebert und Dr. H. Voelker danke ich
für wertvolle Hinweise und für Beratung bei der Abfassung
des Manuskriptes. Besonderer Dank gilt Frau Martha Kurth
für beständige Hilfe bei den umfangreichen Rechenarbeiten.
Die Diagramme der $\omega(n)$ sowie die meisten Zeichnungen
wurden in bewährter Weise von Herrn Hans Kurth angefertigt.

Zusammenfassung

Die bisherigen Untersuchungen über die Wiederholungsneigung der erdmagnetischen Aktivität benutzten fast durchweg die Methode der überlagerten Epochen (Synchronisierungs-Methode), bei der durch Mittelung über viele Einzelfälle Durchschnittswerte für Stärke, Anzahl und Intervall der Wiederholungen gewonnen wurden. Ein individuelles Maß für die Stärke der Wiederholungsneigung innerhalb bereits weniger Sonnenrotationen ist die "äquivalente Wiederholungszahl" $\omega(n)$, die unmittelbar angibt, wie oft im statistischen Äquivalent unter n Zeilen von jeweils 27 Tagen Dauer sich jede Zeile wiederholt. Ausgehend von einer 81-jährigen Reihe täglicher Charakterzahlen C8 (1884-1964), wurden für jede (mittlere) Sonnen-Rotationsnummer die äquivalenten Wiederholungszahlen $\omega(n)$ für n = 2, 4, 8, 16 und 32 (in den Jahren 1942-45 auch für n = 64) berechnet und die Ergebnisse tabellarisch zusammenstellt. Die graphische Darstellung in Form einer Notenschrift zeigt übersichtlich die Änderung der Wiederholungsneigung sowohl mit wachsendem n als auch im Verlauf der Zeit.

Anhand dieser 81-jährigen Reihe von Maßzahlen für die Wiederholungsneigung der erdmagnetischen Aktivität wurde deren systematisches Verhalten im Sonnenfleckenzyklus und während eines Jahres untersucht. Dabei zeigte sich, daß der bekannte Abfall von hoher zu schwacher Wiederholungsneigung nach dem Fleckenminimum zwar in fast allen Zyklen deutlich ausgeprägt ist, zeitlich aber durchaus unterschiedlich eintreten kann, manchmal sogar v o r dem Fleckenminimum.

Die Länge des Wiederholungsintervalles wurde bestimmt durch das Maximum der Wiederholungsneigung bei variabler Periode Es ergab sich für die Zeit vor dem Sonnenfleckenminimum ein Wiederholungsintervall von 27,0 Tagen, für Jahre nach dem Fleckenminimum ein solches von 27,9 Tagen. Der Fehler, der infolge des veränderlichen Wiederholungsintervalles in die durchweg auf ein Intervall von 27,0 Tagen bezogenen Werte $\omega(n)$ eingeht, beträgt im letzteren Fall rund 3%.

Eine harmonische Analyse der äquivalenten Wiederholungszahlen $\omega(4)$ und $\omega(2)$ ergab eine signifikante Halbjahreswelle in der Wiederholungsneigung der erdmagnetischen Aktivität, mit Maxima zu den Äquinoktien, deren Amplitude im Laufe des Sonnenfleckenzyklus variiert. Sie ist groß in Jahren vor dem Fleckenminimum und nur klein in Jahren um Fleckenmaxima. Zerlegt man die Wiederholungsneigung, gemäß der Beziehung

Wiederholungsneigung $\sim$ Zielgenauigkeit χ Treffwahrscheinlichkeit,

in einen Anteil solaren Ursprungs (Zielgenauigkeit) und einen terrestrischen Anteil (Treffwahrscheinlichkeit), so läßt sich die halbjährige Welle in der Wiederholungsneigung mit variabler Amplitude zurückführen auf eine persistente halbjährige Welle in der T r e f f w a h r s c h e i n l i c h k e i t mit k o n s t a n t e r Amplitude, die unabhängig ist von Vorgängen auf der Sonne. Sie hängt zusammen mit der im Laufe des Jahres systematisch sich ändernden Neigung der erdmagnetischen Dipolachse gegenüber der Richtung zur Sonne. Eine ganzjährige Welle in der Wiederholungsneigung konnte in dem vorhandenen Material nicht nachgewiesen werden.

Der statistische Hintergrund der berechneten äquivalenten Wiederholungszahlen wurde experimentell hergestellt durch verschiedene Schüttelversuche mit dem Ausgangsmaterial und dem Grundkollektiv für die Berechnung der $\omega(n)$. Die Herleitung der benutzten Formeln ist im Anhang gegeben im Rahmen allgemeiner morphologischer Betrachtungen über die behandelten Zeitreihen. Dabei wurde ebenfalls die Beziehung zwischen der äquivalenten Wiederholungszahl $\omega(n)$ und den Korrelationskoeffizienten aufgezeigt sowie ein Modell beschrieben zur vektoriellen Veranschaulichung der $\omega(n)$.

Summary

Investigations on the recurrence-tendency in geomagnetic activity have mostly been carried out by applying the method of superposed epochs (synchronisation or CHREE-method). By synchronizing many single events one obtains average values for strength, number and interval of the recurrences. The "equivalent recurrence number" $\omega(n)$ used in this paper is an individual measure of the recurrence tendency within already a few solar rotations. It states directly how many times, among n sets of 27 days each, statistically independent sets are repeated. Starting from the series of daily character figures C8, comprising the 81 years 1884-1964, the equivalent recurrence numbers $\omega(n)$, n being 2, 4, 8, 16, 32, and in 1942-45 also 64, have been calculated for each (mean) solar rotation number. The results are compiled in Table 1. Their graphic representation in the form of "musical diagrams" (Fig. 1) shows perspicuously the change of the recurrence tendency as well with growing n as in the course of time.

This 81-year series of equivalent recurrence numbers for the geomagnetic activity has been used for investigating the systematic behaviour of the recurrence tendency, during the sunspot-cycle and within a year. The well-known decrease of the recurrence tendency shortly after sunspot-minimum was shown to be clearly pronounced in almost every cycle. The time of the decrease, however, may well be different, sometimes it occurs even before the minimum.

The length of the recurrence interval has been determined by the maximum of recurrence tendency for variable period. It follows for the time before sunspot minimum a recurrence interval of 27.0 days, and for years after sunspot minimum an interval of 27.9 days. The error resulting from the slightly varying recurrence interval and entering the values $\omega(n)$ which altogether are related to a constant interval of 27.0 days, amounts to about 3% after sunspot minimum.

A harmonic analysis of the equivalent recurrence numbers $\omega(4)$ and $\omega(2)$ shows a significant semi-annual wave in the recurrence tendency of geomagnetic activity, with maxima at the equinoxes and a varying amplitude during the sunspot cycle. It is large within years before sunspot minimum and only small in years about sunspot maximum. If the recurrence tendency is separated, according to the relation

recurrence tendency $\sim$ aiming accuracy $\times$ hitting probability,

into a factor of solar control (aiming accuracy) and a factor of terrestrial influence (hitting probability), then the semi-annual wave in the recurrence tendency with a variable amplitude can be reduced to a persistent semi-annual wave in the hitting probability with constant amplitude. It is independent of solar events and probably related to the systematic annual variation of the inclination of the geomagnetic dipole axis towards the direction to the sun. A significant annual wave in the recurrence tendency, as measured by $\omega(n)$, could not be detected in the present material.

The statistical background (noise-level) of the equivalent recurrence numbers was established experimentally by the BARTELS shaking-test, applied to the original tables of C8 and to the round C8-deviations. The deduction of the used formulae is given in the appendix within some general reflexions on the time series dealt with. At the same time the connexion between the equivalent recurrence number $\omega(n)$ and the correlation coefficients has been set forth as well as a vector model for illustrating $\omega(n)$.

Literaturverzeichnis

[1] ALLEN, C.W.: Relation between magnetic storms and solar activity. Monthly Notices, Roy. Astron. Soc., 104, 13-21 (1944).

[2] ALLEN, C.W.: M-Regions. Planet. Space Sci., 12, 487-494 (1964).

[3] ARCHENHOLD, G.H.: The influence of the variability of the mean latitude of sunspots on the recurrence tendency of magnetic disturbances. Monthly Notices, Roy. Astron. Soc., 99, 723-729 (1939).

[4] BARTELS, J.: Gesetz und Zufall in der Geophysik, Naturwiss., 31, 421-435 (1943).

[5] BARTELS, J.: Geomagnetic data on variations of solar radiation. Part 1: Wave-radiation. Terr. Mag., 51, 181-242 (1946).

[6] BARTELS, J.: 27-day variations in F2 layer critical frequencies at Huancayo. J. Atm. Terr. Phys., 1, 2-12 (1950).

[7] BARTELS, J.: Terrestrial-magnetic activity and its relations to solar phenomena. Terr. Mag. Atm. El., 37, 1-52 (1932); reprinted by Carnegie Institution of Washington 1959.

[8] BARTELS, J.: Random fluctuations, persistence, and quasi-persistence in geophysical and cosmical periodicities. Terr. Mag. Atm. El., 40, 1-60 (1935); reprinted by Carnegie Institution of Washington 1959.

[9] BARTELS, J.: Tägliche erdmagnetische Charakterzahlen 1884-1950 und Planetarische dreistündliche erdmagnetische Kennziffern Kp 1932-1933 und 1940-1950. Abh. Akad. Wiss. Göttingen, Math.-Phys. Kl., Sonderheft, 1951.

[10] BARTELS, J.: Planetarische erdmagnetische Aktivität in graphischer Darstellung: tägliche Cp, 1937-1958, dreistündliche Kp, 1937-1939, 1950-1958. Abh. Akad. Wiss. Göttingen, Math.-Phys. Kl., Beiträge zum IGJ, Heft 3, 1958.

[11] BARTELS, J.: Naturforschung und Medizin in Deutschland 1939-1946 (FIAT Review of German Science), Band 17, Geophysik I, Erdmagnetismus, pp. 27-91, Wiesbaden 1948; sowie Band 7, Angewandte Mathematik, Teil V; Mathematische Methoden der Geophysik, pp. 89-99.

[12] BARTELS, J.: Anschauliches über den statistischen Hintergrund der sogenannten Singularitäten im Jahresgang der Witterung. Ann. d. Meteor., 1, 106-127 (1948).

[13] BARTELS, J.: Zufallszahlen für statistische Versuche. Ann. d. Meteor., 1, 209-216 (1948).

[14] BARTELS, J.: Zur Morphologie geophysikalischer Zeitfunktionen. Neue Mitteilung. Misc. Acad. Berolinensia, Gesammelte Abh. z. Feier des 250-jährigen Bestehens d. Deutschen Akad. d. Wiss. Berlin, Bd. 1, 69-81 (1950).

[15] BARTELS, J.: Statistische Hintergründe für geophysikalische Synchronisierungs-Versuche und Kritik an behaupteten Mond-Einflüssen auf die erdmagnetische Aktivität. Nachr. Akad. Wiss. Göttingen, Math.-Phys. Kl., 1963, pp. 333-356 (Nr.23). Vorläufige Mitteilung in: Die Naturwissenschaften, 50, p. 592 (1963).

[16] BARTELS, J.: Discussion of time-variations of geomagnetic activity, indices Kp and Ap, 1932-1961. Ann. Géophysique, 19, 1-20 (1963).

[17] CHAPMAN, S. and BARTELS, J.: Geomagnetism. Oxford Univ. Press 1940, reprinted 1951; Chapters V, XI, XII and XVII.

[18] CHREE, C.: The 27-day period (interval) in terrestrial magnetism. Proc. Roy. Soc. London (A), 101, 368-391 (1922).

[19] CHREE, C. and STAGG, J.M.: Recurrence phenomena in terrestrial magnetism. Phil. Trans. London (A), 227, 21-62 (1927).

[20] GREGORY, J.B. and NEWDICK, R.E.: Twenty-seven-day recurrence of solar protons. J. Geophys. Res., 69, 2383-2385 (1964).

[21] JAGER, C. DE: The sun as a source of interplanetary gas. Space Sci. Rev., 1, 487-521 (1962).

[22] KIEPENHEUER, K.O.: A slow corpuscular radiation from the sun. Astrophys. J., 105, 408-423 (1947). Vorläufige Mitteilung in: Die Naturwissenschaften, 33, 118 f. (1946).

[23] KIEPENHEUER, K.O.: in "Sonne und Ionosphäre". Naturforschung und Medizin in Deutschland 1939-1946 (FIAT Review of German Science), Bd. 20, Astronomie, Astrophysik und Kosmogonie, pp. 281-284, Wiesbaden 1948.

[24] KUIPER, G.P. (Editor): The Sun. Univ. of Chicago Press 1953. Chapter 6: Solar activity (by K.O. KIEPENHEUER).

[25] MEYER, P. and SIMPSON, J.A.: Changes in amplitude of the cosmic ray 27-day variation with solar activity. Phys. Rev., 96, 1085-1088 (1954).

[26] MORI, S., UENO, H. and NAGASHIMA, K.: The 27-day recurrence tendency in cosmic ray intensity and its correlation with solar and geomagnetic activity. J. Geomag. Geoel., 16, 68-71 (1964).

[27] MUSTEL, E.: Quasi-stationary emission of gases from the sun. Space Sci. Rev., 3, 139-231 (1964).

[28] NEWTON, H.W.: Observational aspects of the sunspot-geomagnetic storm relationships. Monthly Notices, Roy. Astron. Soc., Geophys. Suppl. V, 321-335 (1949).

[29] SAEMUNDSSON, TH.: Statistics of geomagnetic storms and solar activity. Monthly Notices Roy. Astron. Soc., 123, 299-316 (1962).

[30] SIMPSON, J.A., FONGER, W. and WILCOX, L.: A solar component of the primary cosmic radiation. Phys. Rev., 85, 366-368 (1952).

[31] WALDMEIER, M.: Koronaintensität und Erdmagnetismus. Z. Astrophys., 21, 275-285 (1942).

[32] WALDMEIER, M.: An attempt at an identification of the M-regions. Terr. Mag. Atm. El., 51, 537-542 (1946).

[33] WALDMEIER, M.: Die Natur der M-Regionen. Z. Astrophys., 27, 42-48 (1950).

TABELLEN

UND

DIAGRAMME

DER $\omega(n)$

Tab. 1

Tabelle 1
Äquivalente Wiederholungszahlen ω(n) der erdmagnetischen Aktivität in den Jahren 1884-1964

Table 1
Equivalent recurrence numbers ω(n) for the geomagnetic activity in the years 1884 to 1964

Jahr	zugeordn. Rot.-Nr.	Rot.-Nr.	ω(2)	Rot.-Nr.	ω(4)	Rot.-Nr.	ω(8)	Rot.-Nr.	ω(16)	Rot.-Nr.	ω(32)
1884	705	704+05	1.07	704-07	1.67						
	706	705+06	1.48	705-08	1.39						
	707	706+07	1.37	706-09	1.14	704-11	1.22				
	708	707+08	0.98	707-10	1.18	705-12	0.94				
	709	708+09	0.87								
	710	709+10	1.17	708-11	1.30	706-13	1.28	704-19	1.43		
	711	710+11	1.23	709-12	1.31	707-14	1.27	705-20	1.26		
	712	711+12	1.22	710-13	1.76	708-15	1.60	706-21	1.38		
	713	712+13	1.10	711-14	1.60	709-16	1.66				
	714	713+14	1.09	712-15	1.22	710-17	1.88				
1885	715	714+15	1.28	713-16	1.35	711-18	1.56	707-22	1.07		
	716	715+16	1.16	714-17	1.52	712-19	1.11	708-23	1.00		
	717	716+17	1.32	715-18	1.05	713-20	1.37	709-24	1.18		
	718	717+18	0.65	716-19	0.72	714-21	1.51	710-25	1.18		
	719	718+19	0.83	717-20	0.95	715-22	1.04	711-26	1.46		
	720	719+20	1.21	718-21	1.04	716-23	0.92	712-27	1.45		
	721	720+21	1.29	719-22	1.04	717-24	0.86	713-28	1.37		
	722	721+22	0.72	720-23	1.06	718-25	1.08	714-29	1.48		
	723	722+23	1.14	721-24	0.89	719-26	1.38	715-30	1.34		
	724	723+24	0.99	722-25	0.91	720-27	1.29	716-31	1.18		
	725	724+25	1.37	723-26	1.50	721-28	1.37	717-32	1.14		
	726	725+26	1.59	724-27	2.09	722-29	1.44	718-33	1.04		
	727	726+27	1.19	725-28	1.86	723-30	1.56	719-34	1.06		
	728	727+28	1.25	726-29	1.74	724-31	1.63	720-35	1.28		
	729	728+29	1.23	727-30	1.48	725-32	1.24	721-36	1.31		
1886	730	729+30	1.31	728-31	0.96	726-33	0.93	722-37	1.26	704-35	1.21
	731	730+31	1.06	729-32	0.99	727-34	1.07	723-38	1.27	705-36	1.09
	732	731+32	1.11	730-33	1.39	728-35	1.47	724-39	1.77	706-37	0.96
	733	732+33	1.45	731-34	1.81	729-36	1.64	725-40	2.05	707-38	1.10
	734	733+34	1.43	732-35	2.16	730-37	2.00	726-41	2.22	708-39	1.24
	735	734+35	1.71	733-36	1.73	731-38	2.32	727-42	2.22	709-40	1.57
	736	735+36	1.36	734-37	1.85	732-39	2.20	728-43	2.38	710-41	1.65
	737	736+37	1.36	735-38	1.95	733-40	2.40	729-44	2.51	711-42	1.95
	738	737+38	1.71	736-39	2.35	734-41	2.95	730-45	2.86	712-43	2.03
	739	738+39	1.61	737-40	2.70	735-42	3.22	731-46	2.95	713-44	2.17
	740	739+40	1.74	738-41	2.82	736-43	3.34	732-47	2.75	714-45	2.43
	741	740+41	1.68	739-42	2.75	737-44	3.55	733-48	3.04	715-46	2.53
	742	741+42	1.67	740-43	2.22	738-45	3.45	734-49	3.39	716-47	2.66
	743	742+43	1.23	741-44	1.95	739-46	2.85	735-50	3.36	717-48	2.88
	744	743+44	1.33	742-45	1.81	740-47	2.45	736-51	3.32	718-49	3.05
1887	745	744+45	1.19	743-46	1.44	741-48	2.50	737-52	3.32	719-50	3.19
	746	745+46	1.23	744-47	1.50	742-49	2.05	738-53	3.61	720-51	3.15
	747	746+47	1.03	745-48	1.80	743-50	1.78	739-54	3.50	721-52	3.18
	748	747+48	1.15	746-49	1.29	744-51	1.83	740-55	3.53	722-53	3.45
	749	748+49	1.23	747-50	1.16	745-52	2.45	741-56	3.29	723-54	3.48
										724-55	3.87
										725-56	3.70
										726-57	3.34
										727-58	3.16
										728-59	3.27
										729-60	3.37
										730-61	3.71
										731-62	4.05
										732-63	4.39
										733-64	4.42

Tab. 1

Year	ID										
	750	749+50	1.09	748-51	1.70	746-53	2.43	742-57	2.91	734-65	4.55
	751	750+51	1.69	749-52	2.26	747-54	2.35	743-58	2.69	735-66	4.32
	752	751+52	1.83	750-53	2.81	748-55	3.24	744-59	3.16	736-67	4.23
	753	752+53	1.56	751-54	2.33	749-56	3.20	745-60	4.04	737-68	4.33
	754	753+54	1.36	752-55	2.19	750-57	3.34	746-61	4.58	738-69	4.33
	755	754+55	1.40	753-56	2.19	751-58	3.18	747-62	4.76	739-70	4.34
	756	755+56	1.64	754-57	1.82	752-59	3.11	748-63	5.95	740-71	4.14
	757	756+57	1.09	755-58	1.90	753-60	3.34	749-64	6.04	741-72	3.79
	758	757+58	1.44	756-59	2.12	754-61	3.75	750-65	5.82	742-73	3.74
	759	758+59	1.63	757-60	2.78	755-62	4.21	751-66	5.30	743-74	3.29
1888	760	759+60	1.56	758-61	2.89	756-63	4.43	752-67	4.82	744-75	3.48
	761	760+61	1.88	759-62	2.82	757-64	4.29	753-68	4.62	745-76	3.56
	762	761+62	1.68	760-63	3.12	758-65	3.60	754-69	4.18	746-77	3.69
	763	762+63	1.60	761-64	2.20	759-66	2.77	755-70	4.13	747-78	3.55
	764	763+64	1.21	762-65	1.33	760-67	2.18	756-71	3.70	748-79	4.10
	765	764+65	1.44	763-66	1.67	761-68	1.94	757-72	3.38	749-80	4.34
	766	765+66	1.41	764-67	2.28	762-69	1.81	758-73	3.09	750-81	4.42
	767	766+67	1.36	765-68	1.91	763-70	2.31	759-74	2.28	751-82	4.21
	768	767+68	1.05	766-69	1.54	764-71	2.72	760-75	1.92	752-83	3.57
	769	768+69	1.39	767-70	1.68	765-72	2.42	761-76	1.50	753-84	3.32
	770	769+70	1.56	768-71	1.97	766-73	1.94	762-77	1.61	754-85	3.20
	771	770+71	1.65	769-72	2.11	767-74	1.89	763-78	1.86	755-86	3.50
	772	771+72	1.26	770-73	1.98	768-75	1.89	764-79	2.27	756-87	3.50
	773	772+73	1.40	771-74	1.75	769-76	1.65	765-80	2.39	757-88	3.49
	774	773+74	1.44	772-75	1.64	770-77	1.70	766-81	2.42	758-89	3.02
1889	775	774+75	1.27	773-76	1.32	771-78	1.84	767-82	2.98	759-90	2.67
	776	775+76	1.15	774-77	1.38	772-79	2.04	768-83	3.32	760-91	2.41
	777	776+77	1.11	775-78	1.75	773-80	2.36	769-84	3.58	761-92	2.13
	778	777+78	1.54	776-79	2.12	774-81	3.08	770-85	3.43	762-93	1.96
	779	778+79	1.79	777-80	2.63	775-82	3.47	771-86	3.59	763-94	1.93
	780	779+80	1.57	778-81	2.92	776-83	3.14	772-87	3.40	764-95	1.79
	781	780+81	1.51	779-82	2.40	777-84	3.28	773-88	3.47	765-96	1.88
	782	781+82	1.33	780-83	1.81	778-85	2.80	774-89	3.35	766-97	1.87
	783	782+83	1.51	781-84	1.99	779-86	2.63	775-90	3.04	767-98	2.11
	784	783+84	1.35	782-85	1.79	780-87	2.44	776-91	2.48	768-99	2.29
	785	784+85	0.87	783-86	1.76	781-88	2.49	777-92	2.26	769-800	2.50
	786	785+86	1.09	784-87	1.50	782-89	2.29	778-93	1.90	770-801	2.48
	787	786+87	1.34	785-88	1.51	783-90	1.69	779-94	1.60	771-802	2.37
	788	787+88	0.90	786-89	1.21	784-91	1.06	780-95	1.50	772-803	2.09
	789	788+89	1.05	787-90	0.84	785-92	0.85	781-96	1.62	773-804	2.00
1890	790	789+90	1.28	788-91	0.72	786-93	1.14	782-97	1.46	774-805	2.09
	791	790+91	1.10	789-92	0.89	787-94	0.99	783-98	1.34	775-806	2.01
	792	791+92	1.21	790-93	1.34	788-95	0.99	784-99	1.14	776-807	1.73
	793	792+93	1.52	791-94	1.61	789-96	1.11	785-00	0.98	777-808	1.53
	794	793+94	1.25	792-95	1.54	790-97	1.13	786-01	0.94	778-809	1.46
	795	794+95	1.24	793-96	1.40	791-98	1.43	787-02	0.94	779-810	1.35
	796	795+96	0.96	794-97	0.83	792-99	1.37	788-03	0.76	780-811	1.17
	797	796+97	0.66	795-98	0.70	793-00	1.10	789-04	0.78	781-812	1.25

Tab. 1

Jahr	zugeordn. RotNr.	Rot.-Nr.	ω(2)	Rot.-Nr.	ω(4)	Rot.-Nr.	ω(8)	Rot.-Nr.	ω(16)	Rot.-Nr.	ω(32)
1891	798	797+98	1.30	796-99	1.01	794-01	1.06	790-05	0.86	782-13	1.24
	799	798+99	1.03	797-00	1.36	795-02	1.22	791-06	1.16	783-14	1.21
	800	799+00	0.91	798-01	1.43	796-03	1.15	792-07	0.98	784-15	1.25
	801	800+01	1.42	799-02	1.04	797-04	1.11	793-08	0.87	785-16	1.33
	802	801+02	1.22	800-03	0.82	798-05	0.74	794-09	0.88	786-17	1.44
	803	802+03	0.71	801-04	0.81	799-06	0.77	795-10	0.82	787-18	1.54
	804	803+04	1.03	802-05	0.75	800-07	0.78	796-11	0.68	788-19	1.42
	805	804+05	1.26	803-06	0.88	801-08	1.16	797-12	0.93	789-20	1.60
	806	805+06	1.27	804-07	1.27	802-09	1.11	798-13	1.02	790-21	1.79
	807	806+07	1.28	805-08	1.32	803-10	0.80	799-14	1.07	791-22	1.60
	808	807+08	1.38	806-09	1.54	804-11	0.79	800-15	1.56	792-23	1.58
	809	808+09	1.26	807-10	1.27	805-12	0.94	801-16	1.61	793-24	1.67
1892	810	809+10	1.27	808-11	1.37	806-13	1.45	802-17	1.76	794-25	1.67
	811	810+11	1.50	809-12	1.81	807-14	1.84	803-18	1.84	795-26	1.56
	812	811+12	1.46	810-13	1.86	808-15	2.42	804-19	1.73	796-27	1.69
	813	812+13	1.10	811-14	1.80	809-16	2.78	805-20	1.94	797-28	1.53
	814	813+14	1.13	812-15	1.51	810-17	3.04	806-21	2.35	798-29	1.56
	815	814+15	0.95	813-16	1.47	811-18	2.62	807-22	2.23	799-30	1.66
	816	815+16	0.90	814-17	1.71	812-19	2.25	808-23	2.23	800-31	2.06
	817	816+17	1.31	815-18	1.61	813-20	1.88	809-24	2.35	801-32	1.86
	818	817+18	1.52	816-19	1.50	814-21	2.31	810-25	2.25	802-33	1.64
	819	818+19	1.24	817-20	1.28	815-22	1.36	811-26	1.82	803-34	1.79
	820	819+20	1.00	818-21	1.50	816-23	1.07	812-27	2.01	804-35	1.88
	821	820+21	1.39	819-22	0.97	817-24	1.08	813-28	1.48	805-36	1.99
	822	821+22	0.48	820-23	1.05	818-25	0.99	814-29	1.63	806-37	2.16
	823	822+23	0.92	821-24	0.83	819-26	1.26	815-30	1.48	807-38	2.32
	824	823+24	0.91	822-25	0.90	820-27	1.30	816-31	1.47	808-39	2.31
1893	825	824+25	1.05	823-26	1.08	821-28	0.87	817-32	1.48	809-40	2.22
	826	825+26	1.66	824-27	1.74	822-29	1.34	818-33	1.52	810-41	2.17
	827	826+27	1.09	825-28	1.42	823-30	1.18	819-34	1.62	811-42	1.93
	828	827+28	0.62	826-29	1.26	824-31	2.02	820-35	1.72	812-43	1.90
	829	828+29	1.14	827-30	0.93	825-32	1.69	821-36	1.81	813-44	1.73
	830	829+30	1.30	828-31	1.18	826-33	1.13	822-37	2.23	814-45	1.46
	831	830+31	1.06	829-32	1.27	827-34	1.01	823-38	2.19	815-46	1.44
	832	831+32	1.06	830-33	1.06	828-35	0.97	824-39	2.21	816-47	1.34
	833	832+33	1.05	831-34	1.41	829-36	1.81	825-40	2.09	817-48	1.65
	834	833+34	1.48	832-35	1.75	830-37	2.21	826-41	1.93	818-49	2.03
1894	835	834+35	1.35	833-36	1.76	831-38	2.53	827-42	1.92	819-50	2.13
	836	835+36	1.29	834-37	1.74	832-39	1.97	828-43	1.71	820-51	2.10
	837	836+37	1.44	835-38	1.63	833-40	1.87	829-44	1.86	821-52	2.22
	838	837+38	1.34	836-39	1.48	834-41	1.68	830-45	1.38	822-53	2.39
	839	838+39	1.01	837-40	1.53	835-42	1.73	831-46	1.36	823-54	2.24
	840	839+40	1.35	838-41	1.27	836-43	1.58	832-47	1.20	824-55	2.29
	841	840+41	0.96	839-42	1.63	837-44	1.46	833-48	1.18	825-56	2.34
	842	841+42	1.27	840-43	1.52	838-45	1.49	834-49	1.20	826-57	2.13
	843	842+43	1.20	841-44	1.38	839-46	1.44	835-50	1.21	827-58	1.83
	844	843+44	1.26	842-45	1.38	840-47	0.97	836-51	1.19	828-59	1.95

Tab. 1

Year	Year												
1895	845	844+45	1.02	843-46	1.20	841-48	1.06	837-52	1.31	829-60	2.13
	846	845+46	1.26	844-47	1.28	842-49	1.17	838-53	1.45	830-61	1.85
	847	846+47	1.12	845-48	1.54	843-50	1.01	839-54	1.60	831-62	2.06
	848	847+48	1.27	846-49	1.26	844-51	1.04	840-55	1.42	832-63	1.92
	849	848+49	1.29	847-50	1.34	845-52	1.39	841-56	1.31	833-64	2.05
	850	849+50	0.81	848-51	1.02	846-53	1.46	842-57	1.32	834-65	2.22
	851	850+51	1.54	849-52	1.24	847-54	1.64	843-58	1.42	835-66	2.46
	852	851+52	1.04	850-53	1.66	848-55	1.64	844-59	1.97	836-67	2.74
	853	852+53	1.22	851-54	1.51	849-56	1.38	845-60	1.86	837-68	2.99
	854	853+54	1.38	852-55	1.57	850-57	1.37	846-61	1.91	838-69	3.03
	855	854+55	1.22	853-56	1.63	851-58	1.50	847-62	2.14	839-70	3.38
	856	855+56	1.29	854-57	1.72	852-59	2.09	848-63	2.65	840-71	3.45
	857	856+57	1.51	855-58	1.39	853-60	2.01	849-64	2.75	841-72	3.72
	858	857+58	1.18	856-59	1.55	854-61	2.17	850-65	2.81	842-73	4.08
	859	858+59	1.31	857-60	1.40	855-62	2.07	851-66	3.28	843-74	4.73
	860	859+60	1.11	858-61	1.52	856-63	2.61	852-67	3.84	844-75	4.61
	861	860+61	1.20	859-62	1.47	857-64	2.72	853-68	3.78	845-76	4.44
	862	861+62	1.51	860-63	2.20	858-65	2.99	854-69	4.22	846-77	4.05
	863	862+63	1.68	861-64	2.29	859-66	3.02	855-70	4.32	847-78	3.67
	864	863+64	1.47	862-65	2.25	860-67	2.92	856-71	4.56	848-79	3.86
1896	865	864+65	1.65	863-66	2.42	861-68	3.13	857-72	4.49	849-80	3.89
	866	865+66	1.61	864-67	2.54	862-69	3.24	858-73	4.53	850-81	3.85
	867	866+67	1.30	865-68	2.46	863-70	3.32	859-74	4.60	851-82	3.91
	868	867+68	1.66	866-69	1.89	864-71	3.06	860-75	3.64	852-83	4.03
	869	868+69	1.25	867-70	1.88	865-72	2.75	861-76	3.47	853-84	4.01
	870	869+70	1.20	868-71	1.63	866-73	2.46	862-77	2.84	854-85	3.93
	871	870+71	1.27	869-72	1.77	867-74	2.37	863-78	2.32	855-86	3.52
	872	871+72	1.46	870-73	1.80	868-75	1.76	864-79	2.19	856-87	3.44
	873	872+73	1.18	871-74	2.09	869-76	1.66	865-80	2.07	857-88	3.22
	874	873+74	1.53	872-75	1.48	870-77	1.47	866-81	1.85	858-89	3.17
	875	874+75	1.04	873-76	1.62	871-78	1.97	867-82	1.69	859-90	2.79
	876	875+76	1.61	874-77	1.82	872-79	1.97	868-83	1.74	860-91	2.47
	877	876+77	1.32	875-78	1.99	873-80	1.99	869-84	1.96	861-92	2.46
	878	877+78	1.26	876-79	1.31	874-81	2.02	870-85	2.04	862-93	2.43
	879	878+79	0.99	877-80	1.31	875-82	2.02	871-86	2.10	863-94	2.21
1897	880	879+80	1.18	878-81	1.14	876-83	1.75	872-87	1.97	864-95	1.95
	881	880+81	1.36	879-82	1.65	877-84	1.45	873-88	1.65	865-96	1.79
	882	881+82	1.06	880-83	1.79	878-85	1.48	874-89	1.40	866-97	1.80
	883	882+83	1.34	881-84	1.44	879-86	1.83	875-90	1.25	867-98	2.02
	884	883+84	1.20	882-85	1.57	880-87	1.85	876-91	1.26	868-99	2.32
	885	884+85	1.05	883-86	1.40	881-88	1.50	877-92	1.38	869-00	2.65
	886	885+86	1.05	884-87	1.10	882-89	1.53	878-93	1.64	870-01	2.73
	887	886+87	1.03	885-88	1.50	883-90	1.54	879-94	2.14	871-02	3.17
	888	887+88	1.30	886-89	1.45	884-91	1.80	880-95	2.25	872-03	3.01
	889	888+89	1.20	887-90	1.45	885-92	2.01	881-96	2.25	873-04	3.05
	890	889+90	1.02	888-91	1.54	886-93	1.93	882-97	2.17	874-05	3.13
	891	890+91	1.35	889-92	1.37	887-94	2.12	883-98	2.34	875-06	2.76
	892	891+92	0.95	890-93	1.26	888-95	2.04	884-99	2.55	876-07	2.68

Tab. 1   -52-

Jahr	zugeordn. Rot.-Nr.	Rot.-Nr.	ω(2)	Rot.-Nr.	ω(4)	Rot.-Nr.	ω(8)	Rot.-Nr.	ω(16)	Rot.-Nr.	ω(32)
1898	893	892+93	1.65	891-94	1.65	889-96	2.12	885-00	3.03	877-08	2.58
	894	893+94	1.44	892-95	2.05	890-97	2.55	886-01	2.84	878-09	2.59
	895	894+95	1.39	893-96	2.13	891-98	2.64	887-02	2.78	879-10	2.86
	896	895+96	1.73	894-97	2.53	892-99	3.34	888-03	2.49	880-11	2.62
	897	896+97	1.67	895-98	2.68	893-00	3.33	889-04	2.33	881-12	2.32
	898	897+98	1.62	896-99	2.40	894-01	3.03	890-05	2.82	882-13	2.37
	899	898+99	1.40	897-00	2.38	895-02	2.64	891-06	2.68	883-14	2.71
	900	899+00	1.72	898-01	1.70	896-03	2.03	892-07	2.84	884-15	3.03
	901	900+01	1.06	899-02	1.28	897-04	1.85	893-08	2.70	885-16	2.94
	902	901+02	1.33	900-03	1.48	898-05	2.00	894-09	2.92	886-17	3.24
	903	902+03	1.53	901-04	1.66	899-06	1.98	895-10	3.00	887-18	3.85
	904	903+04	1.26	902-05	1.99	900-07	2.28	896-11	3.13	888-19	4.41
1899	905	904+05	1.28	903-06	1.74	901-08	2.72	897-12	3.31	889-20	4.36
	906	905+06	1.38	904-07	1.82	902-09	3.12	898-13	3.57	890-21	4.49
	907	906+07	1.61	905-08	2.23	903-10	3.18	899-14	3.83	891-22	4.34
	908	907+08	1.63	906-09	2.38	904-11	3.35	900-15	4.24	892-23	4.45
	909	908+09	1.55	907-10	2.21	905-12	3.20	901-16	4.18	893-24	4.41
	910	909+10	1.40	908-11	2.29	906-13	3.44	902-17	4.27	894-25	4.35
	911	910+11	1.20	909-12	1.66	907-14	3.28	903-18	4.37	895-26	4.23
	912	911+12	1.33	910-13	1.62	908-15	3.06	904-19	4.39	896-27	4.22
	913	912+13	1.45	911-14	2.20	909-16	2.62	905-20	4.00	897-28	4.29
	914	913+14	1.62	912-15	2.47	910-17	2.37	906-21	3.78	898-29	4.07
	915	914+15	1.55	913-16	2.22	911-18	2.75	907-22	3.26	899-30	3.82
	916	915+16	1.32	914-17	1.64	912-19	2.88	908-23	2.78	900-31	3.47
	917	916+17	1.22	915-18	1.67	913-20	2.49	909-24	2.44	901-32	3.04
	918	917+18	1.41	916-19	1.91	914-21	1.82	910-25	2.26	902-33	2.79
	919	918+19	1.62	917-20	1.69	915-22	1.49	911-26	2.38	903-34	2.83
1900	920	919+20	1.05	918-21	1.45	916-23	1.48	912-27	2.38	904-35	2.80
	921	920+21	1.10	919-22	1.39	917-24	1.72	913-28	2.36	905-36	2.82
	922	921+22	1.40	920-23	2.06	918-25	2.00	914-29	1.99	906-37	2.50
	923	922+23	1.25	921-24	1.61	919-26	1.86	915-30	1.47	907-38	2.31
	924	923+24	0.88	922-25	1.33	920-27	1.92	916-31	1.12	908-39	2.09
	925	924+25	1.13	923-26	1.31	921-28	1.49	917-32	1.06	909-40	2.07
	926	925+26	1.07	924-27	1.54	922-29	1.15	918-33	1.21	910-41	2.15
	927	926+27	1.19	925-28	1.36	923-30	1.05	919-34	1.23	911-42	2.34
	928	927+28	1.36	926-29	1.18	924-31	0.94	920-35	1.15	912-43	2.20
	929	928+29	1.04	927-30	1.17	925-32	0.78	921-36	1.25	913-44	2.36
	930	929+30	1.04	928-31	0.62	926-33	0.91	922-37	1.35	914-45	1.92
	931	930+31	0.91	929-32	0.56	927-34	1.03	923-38	1.54	915-46	1.94
	932	931+32	1.19	930-33	0.82	928-35	1.08	924-39	1.81	916-47	2.14
	933	932+33	1.03	931-34	1.27	929-36	1.05	925-40	1.79	917-48	2.29
	934	933+34	1.17	932-35	1.32	930-37	1.27	926-41	1.82	918-49	2.25
1901	935	934+35	1.31	933-36	1.36	931-38	1.63	927-42	2.02	919-50	1.84
	936	935+36	1.04	934-37	1.26	932-39	1.94	928-43	1.84	920-51	1.70
	937	936+37	0.88	935-38	1.31	933-40	1.89	929-44	2.00	921-52	1.69
	938	937+38	1.13	936-39	1.45	934-41	2.02	930-45	2.16	922-53	1.64
	939	938+39	1.32	937-40	1.90	935-42	2.23	931-46	2.60	923-54	1.80

Tab. 1

Year													
	940	939+40	1.35	938-41	1.96	936-43	2.30	932-47	2.57	924-55	2.02
	941	940+41	1.23	939-42	1.86	937-44	3.00	933-48	2.40	925-56	1.90
	942	941+42	1.52	940-43	1.98	938-45	2.98	934-49	2.78	926-57	1.72
	943	942+43	1.30	941-44	2.26	939-46	2.75	935-50	2.46	927-58	1.75
	944	943+44	1.44	942-45	2.08	940-47	2.54	936-51	2.54	928-59	1.49
1902	945	944+45	1.17	943-46	1.88	941-48	2.42	937-52	2.64	929-60	1.33
	946	945+46	1.11	944-47	1.06	942-49	2.05	938-53	2.50	930-61	1.55
	947	946+47	0.79	945-48	1.10	943-50	1.73	939-54	2.12	931-62	1.68
	948	947+48	1.24	946-49	1.28	944-51	1.56	940-55	2.17	932-63	1.59
	949	948+49	1.23	947-50	1.46	945-52	1.41	941-56	2.06	933-64	1.58
	950	949+50	1.47	948-51	1.67	946-53	1.33	942-57	1.74	934-65	1.94
	951	950+51	1.47	949-52	1.67	947-54	1.50	943-58	1.86	935-66	1.99
	952	951+52	1.03	950-53	1.28	948-55	1.79	944-59	1.36	936-67	2.22
	953	952+53	1.05	951-54	0.93	949-56	2.32	945-60	1.35	937-68	2.25
	954	953+54	1.16	952-55	1.19	950-57	1.77	946-61	1.40	938-69	2.15
	955	954+55	1.23	953-56	1.68	951-58	1.56	947-62	1.53	939-70	2.23
	956	955+56	1.37	954-57	1.20	952-59	1.26	948-63	1.83	940-71	2.40
	957	956+57	0.77	955-58	1.29	953-60	1.06	949-64	2.01	941-72	2.22
	958	957+58	1.16	956-59	1.23	954-61	1.05	950-65	2.12	942-73	2.35
	959	958+59	1.18	957-60	1.08	955-62	1.22	951-66	2.04	943-74	2.44
	960	959+60	1.12	958-61	0.96	956-63	1.47	952-67	2.08	944-75	2.05
	961	960+61	0.93	959-62	0.92	957-64	2.00	953-68	2.02	945-76	1.89
	962	961+62	1.12	960-63	1.32	958-65	1.98	954-69	1.95	946-77	1.65
	963	962+63	1.31	961-64	1.72	959-66	1.84	955-70	2.14	947-78	1.78
	964	963+64	1.44	962-65	1.92	960-67	2.13	956-71	2.31	948-79	1.76
	965	964+65	1.31	963-66	1.80	961-68	2.18	957-72	2.31	949-80	1.75
	966	965+66	1.08	964-67	1.72	962-69	2.04	958-73	2.17	950-81	1.72
	967	966+67	1.34	965-68	1.43	963-70	2.00	959-74	2.04	951-82	1.40
	968	967+68	1.00	966-69	1.37	964-71	1.97	960-75	1.83	952-83	1.29
	969	968+69	1.26	967-70	1.05	965-72	1.45	961-76	1.57	953-84	1.15
	970	969+70	0.56	968-71	1.02	966-73	0.98	962-77	1.29	954-85	1.09
	971	970+71	1.34	969-72	0.85	967-74	1.15	963-78	1.34	955-86	1.18
	972	971+72	1.22	970-73	1.47	968-75	0.94	964-79	1.02	956-87	1.29
	973	972+73	1.44	971-74	1.84	969-76	1.10	965-80	0.99	957-88	1.29
1903	974	973+74	1.49	972-75	1.62	970-77	1.38	966-81	0.77	958-89	1.07
	975	974+75	0.87	973-76	1.57	971-78	1.43	967-82	0.81	959-90	1.06
	976	975+76	1.12	974-77	1.21	972-79	1.33	968-83	0.87	960-91	1.20
	977	976+77	1.04	975-78	1.09	973-80	1.37	969-84	0.94	961-92	1.17
	978	977+78	0.85	976-79	0.93	974-81	0.94	970-85	1.09	962-93	1.09
	979	978+79	0.95	977-80	1.01	975-82	1.30	971-86	1.40	963-94	0.93
	980	979+80	0.93	978-81	1.10	976-83	1.11	972-87	1.71	964-95	0.78
	981	980+81	1.40	979-82	1.09	977-84	1.12	973-88	1.45	965-96	0.69
	982	981+82	0.85	980-83	1.02	978-85	1.33	974-89	1.26	966-97	0.67
	983	982+83	1.01	981-84	0.92	979-86	1.33	975-90	1.39	967-98	0.84
1904	984	983+84	1.39	982-85	1.60	980-87	1.57	976-91	1.51	968-99	1.12
	985	984+85	1.23	983-86	1.84	981-88	1.37	977-92	1.57	969-00	1.29
	986	985+86	1.14	984-87	1.54	982-89	1.40	978-93	1.81	970-01	1.46
	987	986+87	1.26	985-88	1.03	983-90	1.35	979-94	1.58	971-02	1.43

Tab. 1   -54-

Jahr	zugeordn. Rot.-Nr.	Rot.-Nr.	ω(2)	Rot.-Nr.	ω(4)	Rot.-Nr.	ω(8)	Rot.-Nr.	ω(16)	Rot.-Nr.	ω(32)
1905	988	987+88	0.99	986-89	0.76	984-91	1.24	980-95	1.67	972-03	1.40
	989	988+89	1.24	987-90	0.91	985-92	1.29	981-96	1.69	973-04	1.36
	990	989+90	1.13	988-91	1.42	986-93	1.36	982-97	1.72	974-05	1.47
	991	990+91	1.41	989-92	1.65	987-94	1.18	983-98	1.63	975-06	1.69
	992	991+92	1.34	990-93	1.49	988-95	1.30	984-99	1.42	976-07	1.56
	993	992+93	0.95	991-94	0.98	989-96	1.35	985-00	1.35	977-08	1.53
	994	993+94	1.21	992-95	1.11	990-97	1.24	986-01	1.37	978-09	1.54
	995	994+95	0.88	993-96	1.59	991-98	1.40	987-02	0.97	979-10	1.62
	996	995+96	1.28	994-97	1.62	992-99	1.37	988-03	0.92	980-11	1.57
	997	996+97	1.26	995-98	1.21	993-00	1.37	989-04	1.02	981-12	1.52
	998	997+98	0.76	996-99	0.70	994-01	1.08	990-05	0.98	982-13	1.62
	999	998+99	1.23	997-00	1.14	995-02	1.04	991-06	1.25	983-14	1.42
	1000	999+00	1.28	998-01	1.44	996-03	0.90	992-07	1.31	984-15	1.30
1906	1001	1000+01	0.90	999-02	0.89	997-04	0.94	993-08	1.45	985-16	1.27
	1002	1001+02	1.12	1000-03	1.03	998-05	0.98	994-09	1.21	986-17	1.06
	1003	1002+03	1.31	1001-04	1.81	999-06	1.10	995-10	1.13	987-18	1.27
	1004	1003+04	1.43	1002-05	1.62	1000-07	1.42	996-11	1.17	988-19	1.31
	1005	1004+05	1.16	1003-06	1.83	1001-08	2.00	997-12	1.12	989-20	1.17
	1006	1005+06	1.34	1004-07	1.42	1002-09	2.03	998-13	1.43	990-21	1.10
	1007	1006+07	1.03	1005-08	1.39	1003-10	2.11	999-14	1.30	991-22	1.32
	1008	1007+08	1.28	1006-09	1.57	1004-11	2.02	1000-15	1.71	992-23	1.61
	1009	1008+09	1.10	1007-10	1.95	1005-12	2.32	1001-16	1.96	993-24	1.94
	1010	1009+10	1.40	1008-11	1.82	1006-13	2.08	1002-17	1.84	994-25	2.02
	1011	1010+11	1.64	1009-12	1.95	1007-14	1.85	1003-18	1.86	995-26	1.72
	1012	1011+12	1.23	1010-13	1.52	1008-15	1.59	1004-19	1.49	996-27	1.75
	1013	1012+13	1.23	1011-14	1.19	1009-16	1.84	1005-20	1.39	997-28	1.63
	1014	1013+14	0.85	1012-15	1.33	1010-17	1.31	1006-21	1.21	998-29	1.67
1907	1015	1014+15	0.92	1013-16	0.77	1011-18	1.35	1007-22	1.20	999-30	1.45
	1016	1015+16	1.31	1014-17	1.04	1012-19	1.38	1008-23	1.13	1000-31	1.53
	1017	1016+17	0.97	1015-18	1.49	1013-20	1.64	1009-24	1.44	1001-32	1.38
	1018	1017+18	1.26	1016-19	1.43	1014-21	1.18	1010-25	1.79	1002-33	1.34
	1019	1018+19	1.09	1017-20	1.48	1015-22	1.62	1011-26	1.67	1003-34	1.23
	1020	1019+20	0.87	1018-21	1.18	1016-23	1.63	1012-27	1.50	1004-35	1.19
	1021	1020+21	0.83	1019-22	1.26	1017-24	1.61	1013-28	1.36	1005-36	1.01
	1022	1021+22	1.38	1020-23	1.42	1018-25	1.74	1014-29	1.35	1006-37	1.17
	1023	1022+23	1.54	1021-24	2.02	1019-26	1.47	1015-30	1.54	1007-38	1.18
	1024	1023+24	1.58	1022-25	2.17	1020-27	1.36	1016-31	1.46	1008-39	1.27
1908	1025	1024+25	1.54	1023-26	1.30	1021-28	1.55	1017-32	1.47	1009-40	1.49
	1026	1025+26	0.68	1024-27	0.89	1022-29	1.22	1018-33	1.39	1010-41	1.77
	1027	1026+27	1.01	1025-28	0.87	1023-30	1.01	1019-34	1.57	1011-42	1.76
	1028	1027+28	0.99	1026-29	1.41	1024-31	1.43	1020-35	1.57	1012-43	1.80
	1029	1028+29	1.21	1027-30	1.61	1025-32	1.73	1021-36	2.09	1013-44	1.69
	1030	1029+30	1.59	1028-31	1.99	1026-33	2.00	1022-37	2.00	1014-45	1.60
	1031	1030+31	1.40	1029-32	2.10	1027-34	2.39	1023-38	2.17	1015-46	1.85
	1032	1031+32	1.29	1030-33	1.40	1028-35	2.64	1024-39	2.69	1016-47	1.68
	1033	1032+33	0.99	1031-34	1.45	1029-36	2.94	1025-40	3.10	1017-48	1.74
	1034	1033+34	1.15	1032-35	1.30	1030-37	2.42	1026-41	3.29	1018-49	1.43

Tab. 1

Year	ID									
	1035	1034+35	1.35	1033-36	1.50	1031-38	2.24	1027-42	3.05	1019-50	1.57
	1036	1035+36	1.42	1034-37	1.68	1032-39	2.28	1028-43	2.79	1020-51	1.58
	1037	1036+37	1.05	1035-38	1.98	1033-40	2.40	1029-44	2.82	1021-52	2.03
	1038	1037+38	1.37	1036-39	1.91	1034-41	2.54	1030-45	2.44	1022-53	1.87
	1039	1038+39	1.57	1037-40	1.84	1035-42	2.31	1031-46	2.28	1023-54	2.13
1909	1040	1039+40	1.24	1038-41	2.06	1036-43	1.90	1032-47	1.94	1024-55	2.51
	1041	1040+41	1.41	1039-42	1.74	1037-44	1.80	1033-48	1.86	1025-56	2.41
	1042	1041+42	1.18	1040-43	1.50	1038-45	2.02	1034-49	1.47	1026-57	2.38
	1043	1042+43	1.45	1041-44	1.35	1039-46	1.83	1035-50	2.44	1027-58	2.33
	1044	1043+44	1.00	1042-45	1.73	1040-47	1.57	1036-51	2.37	1028-59	2.29
	1045	1044+45	1.00	1043-46	1.31	1041-48	1.66	1037-52	2.04	1029-60	2.38
	1046	1045+46	0.88	1044-47	1.06	1042-49	1.80	1038-53	2.64	1030-61	2.11
	1047	1046+47	1.30	1045-48	0.98	1043-50	1.69	1039-54	2.60	1031-62	1.99
	1048	1047+48	1.00	1046-49	0.96	1044-51	1.91	1040-55	2.41	1032-63	2.05
	1049	1048+49	1.17	1047-50	1.17	1045-52	1.68	1041-56	2.11	1033-64	1.93
1910	1050	1049+50	1.58	1048-51	1.83	1046-53	1.35	1042-57	2.18	1034-65	1.71
	1051	1050+51	1.45	1049-52	1.83	1047-54	1.37	1043-58	1.80	1035-66	1.85
	1052	1051+52	1.17	1050-53	1.44	1048-55	1.50	1044-59	1.55	1036-67	1.99
	1053	1052+53	0.87	1051-54	1.27	1049-56	1.28	1045-60	1.46	1037-68	1.93
	1054	1053+54	0.94	1052-55	1.10	1050-57	1.22	1046-61	1.34	1038-69	2.17
	1055	1054+55	0.83	1053-56	0.65	1051-58	1.02	1047-62	1.28	1039-70	2.43
	1056	1055+56	0.91	1054-57	0.76	1052-59	1.09	1048-63	1.61	1040-71	2.41
	1057	1056+57	1.09	1055-58	1.24	1053-60	1.26	1049-64	1.66	1041-72	2.58
	1058	1057+58	1.29	1056-59	1.50	1054-61	1.47	1050-65	1.54	1042-73	2.54
	1059	1058+59	1.28	1057-60	1.58	1055-62	1.54	1051-66	1.79	1043-74	2.54
	1060	1059+60	1.50	1058-61	1.93	1056-63	1.40	1052-67	1.91	1044-75	2.49
	1061	1060+61	1.49	1059-62	1.81	1057-64	1.85	1053-68	1.79	1045-76	2.33
	1062	1061+62	1.11	1060-63	1.68	1058-65	1.92	1054-69	1.50	1046-77	2.27
	1063	1062+63	1.52	1061-64	1.59	1059-66	2.38	1055-70	1.58	1047-78	2.07
	1064	1063+64	1.11	1062-65	1.50	1060-67	2.35	1056-71	1.25	1048-79	2.18
1911	1065	1064+65	1.06	1063-66	1.41	1061-68	1.79	1057-72	1.61	1049-80	2.36
	1066	1065+66	1.50	1064-67	1.56	1062-69	1.44	1058-73	1.81	1050-81	2.57
	1067	1066+67	1.43	1065-68	1.59	1063-70	1.42	1059-74	2.45	1051-82	2.71
	1068	1067+68	1.08	1066-69	1.30	1064-71	1.18	1060-75	2.64	1052-83	2.22
	1069	1068+69	1.09	1067-70	1.41	1065-72	1.80	1061-76	2.45	1053-84	2.05
	1070	1069+70	1.25	1068-71	1.69	1066-73	2.02	1062-77	2.32	1054-85	1.91
	1071	1070+71	1.31	1069-72	2.40	1067-74	2.36	1063-78	2.17	1055-86	1.79
	1072	1071+72	1.68	1070-73	1.91	1068-75	2.35	1064-79	2.16	1056-87	1.69
	1073	1072+73	1.12	1071-74	1.82	1069-76	2.39	1065-80	2.53	1057-88	1.98
	1074	1073+74	1.17	1072-75	1.72	1070-77	2.09	1066-81	2.45	1058-89	2.23
	1075	1074+75	1.48	1073-76	1.89	1071-78	1.79	1067-82	2.36	1059-90	2.47
	1076	1075+76	1.52	1074-77	1.98	1072-79	2.59	1068-83	1.87	1060-91	2.47
	1077	1076+77	1.33	1075-78	2.06	1073-80	3.19	1069-84	1.94	1061-92	2.32
	1078	1077+78	1.56	1076-79	2.24	1074-81	2.96	1070-85	1.91	1062-93	2.42
	1079	1078+79	1.43	1077-80	2.61	1075-82	2.64	1071-86	1.52	1063-94	2.46
	1080	1079+80	1.37	1078-81	1.66	1076-83	1.82	1072-87	1.59	1064-95	2.24
	1081	1080+81	0.93	1079-82	1.31	1077-84	1.37	1073-88	1.79	1065-96	2.34

Tab. 1   -56-

Jahr	zugeordn. Rot.-Nr.	Rot.-Nr.	ω(2)	Rot.-Nr.	ω(4)	Rot.-Nr.	ω(8)	Rot.-Nr.	ω(16)	Rot.-Nr.	ω(32)
1912	1082	1081+82	1.01	1080-83	0.93	1078-85	1.12	1074-89	1.71	1066-97	2.39
	1083	1082+83	0.98	1081-84	1.46	1079-86	0.96	1075-90	1.52	1067-98	2.35
	1084	1083+84	1.36	1082-85	1.25	1080-87	1.22	1076-91	1.64	1068-99	2.39
	1085	1084+85	0.96	1083-86	1.57	1081-88	1.73	1077-92	1.74	1069-00	2.58
	1086	1085+86	1.33	1084-87	1.87	1082-89	1.77	1078-93	1.73	1070-01	2.68
	1087	1086+87	1.78	1085-88	2.27	1083-90	2.12	1079-94	2.04	1071-02	2.46
	1088	1087+88	1.44	1086-89	1.80	1084-91	2.24	1080-95	2.19	1072-03	2.38
	1089	1088+89	1.09	1087-90	1.60	1085-92	2.71	1081-96	2.35	1073-04	2.38
	1090	1089+90	1.17	1088-91	1.60	1086-93	2.82	1082-97	2.48	1074-05	2.37
	1091	1090+91	1.13	1089-92	1.57	1087-94	2.69	1083-98	2.31	1075-06	2.27
	1092	1091+92	1.07	1090-93	1.58	1088-95	2.65	1084-99	2.27	1076-07	2.21
	1093	1092+93	0.99	1091-94	1.59	1089-96	2.35	1085-00	2.47	1077-08	2.38
	1094	1093+94	1.44	1092-95	1.79	1090-97	2.03	1086-01	2.58	1078-09	2.33
1913	1095	1094+95	1.55	1093-96	1.70	1091-98	1.82	1087-02	2.38	1079-10	2.05
	1096	1095+96	1.11	1094-97	1.68	1092-99	1.67	1088-03	2.10	1080-11	2.04
	1097	1096+97	1.32	1095-98	1.28	1093-00	2.02	1089-04	1.80	1081-12	2.15
	1098	1097+98	0.87	1096-99	1.46	1094-01	2.41	1090-05	1.67	1082-13	1.88
	1099	1098+99	1.36	1097-00	1.43	1095-02	2.34	1091-06	1.67	1083-14	1.95
	1100	1099+00	1.18	1098-01	1.72	1096-03	1.57	1092-07	1.41	1084-15	2.04
	1101	1100+01	1.58	1099-02	1.61	1097-04	1.30	1093-08	1.75	1085-16	2.34
	1102	1101+02	1.43	1100-03	1.49	1098-05	1.37	1094-09	1.83	1086-17	2.38
	1103	1102+03	1.07	1101-04	1.33	1099-06	1.22	1095-10	1.61	1087-18	2.07
	1104	1103+04	1.36	1102-05	1.40	1100-07	1.52	1096-11	1.73	1088-19	1.81
	1105	1104+05	1.40	1103-06	1.84	1101-08	1.53	1097-12	1.53	1089-20	1.72
	1106	1105+06	1.47	1104-07	1.71	1102-09	1.28	1098-13	1.35	1090-21	1.45
	1107	1106+07	1.12	1105-08	1.28	1103-10	1.60	1099-14	1.02	1091-22	1.37
	1108	1107+08	0.87	1106-09	1.06	1104-11	1.57	1100-15	1.01	1092-23	1.17
	1109	1108+09	1.15	1107-10	0.77	1105-12	1.10	1101-16	1.22	1093-24	1.06
1914	1110	1109+10	0.96	1108-11	1.19	1106-13	0.86	1102-17	1.36	1094-25	0.92
	1111	1110+11	1.07	1109-12	1.09	1107-14	0.78	1103-18	1.24	1095-26	0.79
	1112	1111+12	0.82	1110-13	0.94	1108-15	0.93	1104-19	0.91	1096-27	0.72
	1113	1112+13	1.05	1111-14	1.02	1109-16	1.01	1105-20	0.86	1097-28	0.84
	1114	1113+14	1.04	1112-15	1.42	1110-17	1.12	1106-21	0.68	1098-29	0.79
	1115	1114+15	1.06	1113-16	1.25	1111-18	1.09	1107-22	0.73	1099-30	0.76
	1116	1115+16	1.32	1114-17	1.56	1112-19	1.16	1108-23	0.76	1100-31	0.78
	1117	1116+17	1.43	1115-18	1.06	1113-20	1.10	1109-24	0.77	1101-32	0.95
	1118	1117+18	0.64	1116-19	0.70	1114-21	0.88	1110-25	0.89	1102-33	0.99
	1119	1118+19	1.27	1117-20	0.95	1115-22	0.66	1111-26	0.98	1103-34	1.16
1915	1120	1119+20	1.22	1118-21	0.85	1116-23	0.72	1112-27	1.37	1104-35	1.05
	1121	1120+21	0.70	1119-22	0.87	1117-24	0.58	1113-28	1.30	1105-36	1.08
	1122	1121+22	1.17	1120-23	1.09	1118-25	0.70	1114-29	1.41	1106-37	1.14
	1123	1122+23	1.22	1121-24	1.58	1119-26	1.09	1115-30	1.12	1107-38	1.44
	1124	1123+24	1.32	1122-25	1.53	1120-27	1.47	1116-31	0.95	1108-39	1.53
	1125	1124+25	1.42	1123-26	1.86	1121-28	1.91	1117-32	1.28	1109-40	1.74
	1126	1125+26	1.20	1124-27	1.60	1122-29	1.91	1118-33	1.57	1110-41	1.97
	1127	1126+27	1.16	1125-28	1.35	1123-30	1.87	1119-34	1.94	1111-42	2.08
	1128	1127+28	1.34	1126-29	1.40	1124-31	1.70	1120-35	1.85	1112-43	2.38
	1129	1128+29	0.89	1127-30	0.97	1125-32	1.79	1121-36	2.04	1113-44	2.11

Tab. 1

Year														
1916	1130	1129+30	1.39	1128-31	1.00	1126-33	1.48	1122-37	2.12	1114-45	2.16
	1131	1130+31	1.28	1129-32	1.92	1127-34	1.61	1123-38	2.42	1115-46	2.11
	1132	1131+32	1.37	1130-33	1.85	1128-35	1.78	1124-39	2.33	1116-47	2.31
	1133	1132+33	1.43	1131-34	2.13	1129-36	2.19	1125-40	2.24	1117-48	2.48
	1134	1133+34	1.51	1132-35	1.85	1130-37	2.02	1126-41	2.06	1118-49	2.61
	1135	1134+35	1.25	1133-36	1.83	1131-38	2.15	1127-42	2.19	1119-50	2.99
	1136	1135+36	1.18	1134-37	1.11	1132-39	1.89	1128-43	2.56	1120-51	3.25
	1137	1136+37	1.10	1135-38	1.05	1133-40	1.64	1129-44	2.55	1121-52	3.48
	1138	1137+38	1.47	1136-39	1.37	1134-41	1.40	1130-45	2.40	1122-53	3.35
	1139	1138+39	1.14	1137-40	1.32	1135-42	1.49	1131-46	2.28	1123-54	3.12
	1140	1139+40	1.18	1138-41	1.73	1136-43	1.89	1132-47	2.15	1124-55	3.13
	1141	1140+41	1.39	1139-42	1.88	1137-44	1.70	1133-48	1.80	1125-56	2.63
	1142	1141+42	1.23	1140-43	1.60	1138-45	1.48	1134-49	1.55	1126-57	2.45
	1143	1142+43	0.96	1141-44	1.00	1139-46	1.57	1135-50	1.61	1127-58	2.02
	1144	1143+44	0.95	1142-45	0.72	1140-47	1.27	1136-51	2.12	1128-59	1.91
1917	1145	1144+45	1.09	1143-46	1.44	1141-48	1.05	1137-52	2.05	1129-60	1.70
	1146	1145+46	1.46	1144-47	1.37	1142-49	1.20	1138-53	1.80	1130-61	1.56
	1147	1146+47	1.16	1145-48	1.59	1143-50	1.60	1139-54	1.31	1131-62	1.47
	1148	1147+48	1.20	1146-49	1.56	1144-51	1.86	1140-55	1.48	1132-63	1.34
	1149	1148+49	1.24	1147-50	1.97	1145-52	2.38	1141-56	1.26	1133-64	0.96
	1150	1149+50	1.24	1148-51	2.39	1146-53	2.25	1142-57	1.49	1134-65	0.79
	1151	1150+51	1.68	1149-52	1.66	1147-54	1.74	1143-58	1.31	1135-66	0.65
	1152	1151+52	1.18	1150-53	1.40	1148-55	1.78	1144-59	1.05	1136-67	0.76
	1153	1152+53	1.08	1151-54	1.08	1149-56	1.33	1145-60	1.04	1137-68	0.79
	1154	1153+54	1.34	1152-55	1.31	1150-57	1.17	1146-61	1.00	1138-69	0.71
	1155	1154+55	0.99	1153-56	1.11	1151-58	0.82	1147-62	1.09	1139-70	0.56
	1156	1155+56	0.90	1154-57	0.80	1152-59	0.83	1148-63	1.05	1140-71	0.56
	1157	1156+57	0.97	1155-58	1.15	1153-60	0.71	1149-64	0.79	1141-72	0.48
	1158	1157+58	1.07	1156-59	1.62	1154-61	1.03	1150-65	0.91	1142-73	0.48
	1159	1158+59	1.27	1157-60	1.21	1155-62	1.11	1151-66	1.11	1143-74	0.56
1918	1160	1159+60	1.07	1158-61	1.24	1156-63	1.45	1152-67	1.43	1144-75	0.66
	1161	1160+61	1.04	1159-62	1.14	1157-64	1.32	1153-68	1.47	1145-76	0.77
	1162	1161+62	0.87	1160-63	1.29	1158-65	1.69	1154-69	1.57	1146-77	0.99
	1163	1162+63	1.57	1161-64	1.27	1159-66	1.69	1155-70	1.59	1147-78	1.42
	1164	1163+64	1.10	1162-65	1.52	1160-67	2.11	1156-71	1.75	1148-79	1.51
	1165	1164+65	1.02	1163-66	1.62	1161-68	1.82	1157-72	1.95	1149-80	1.48
	1166	1165+66	1.50	1164-67	1.49	1162-69	1.94	1158-73	2.27	1150-81	1.65
	1167	1166+67	0.95	1165-68	1.43	1163-70	1.69	1159-74	2.16	1151-82	1.81
	1168	1167+68	1.04	1166-69	1.07	1164-71	1.68	1160-75	1.94	1152-83	2.02
	1169	1168+69	1.47	1167-70	1.34	1165-72	1.72	1161-76	2.12	1153-84	2.07
	1170	1169+70	1.29	1168-71	1.91	1166-73	1.94	1162-77	2.24	1154-85	2.02
	1171	1170+71	1.30	1169-72	2.08	1167-74	2.35	1163-78	2.50	1155-86	2.02
	1172	1171+72	1.22	1170-73	2.34	1168-75	2.48	1164-79	2.47	1156-87	2.47
	1173	1172+73	1.37	1171-74	2.08	1169-76	3.14	1165-80	2.31	1157-88	2.40
	1174	1173+74	1.42	1172-75	1.76	1170-77	3.48	1166-81	2.54	1158-89	2.58
	1175	1174+75	1.21	1173-76	1.78	1171-78	2.96	1167-82	2.24	1159-90	2.23
	1176	1175+76	1.30	1174-77	1.98	1172-79	2.73	1168-83	2.40	1160-91	2.36

Tab. 1   -58-

Jahr	zugeordn. Rot.-Nr.	Rot.-Nr.	ω(2)	Rot.-Nr.	ω(4)	Rot.-Nr.	ω(8)	Rot.-Nr.	ω(16)	Rot.-Nr.	ω(32)
1919	1177	1176+77	1.34	1175-78	1.50	1173-80	1.93	1169-84	2.37	1161-92	2.32
	1178	1177+78	1.36	1176-79	1.48	1174-81	1.84	1170-85	2.35	1162-93	2.29
	1179	1178+79	1.38	1177-80	1.24	1175-82	1.30	1171-86	2.12	1163-94	2.41
	1180	1179+80	0.91	1178-81	1.50	1176-83	1.18	1172-87	1.95	1164-95	2.42
	1181	1180+81	1.40	1179-82	1.45	1177-84	1.32	1173-88	1.37	1165-96	2.48
	1182	1181+82	0.98	1180-83	1.50	1178-85	1.40	1174-89	1.35	1166-97	2.49
	1183	1182+83	0.94	1181-84	0.94	1179-86	1.12	1175-90	1.17	1167-98	2.63
	1184	1183+84	0.85	1182-85	0.97	1180-87	1.06	1176-91	1.44	1168-99	2.68
	1185	1184+85	1.23	1183-86	0.72	1181-88	0.68	1177-92	1.78	1169-00	2.83
	1186	1185+86	1.00	1184-87	1.12	1182-89	0.86	1178-93	1.77	1170-01	2.61
	1187	1186+87	1.22	1185-88	1.14	1183-90	1.18	1179-94	1.70	1171-02	2.28
	1188	1187+88	1.06	1186-89	1.34	1184-91	1.93	1180-95	2.00	1172-03	2.01
	1189	1188+89	1.05	1187-90	1.40	1185-92	2.08	1181-96	1.76	1173-04	1.58
1920	1190	1189+90	1.18	1188-91	1.32	1186-93	1.62	1182-97	1.87	1174-05	1.48
	1191	1190+91	1.13	1189-92	1.90	1187-94	1.56	1183-98	2.34	1175-06	1.54
	1192	1191+92	1.48	1190-93	1.30	1188-95	1.82	1184-99	2.65	1176-07	1.52
	1193	1192+93	0.96	1191-94	1.56	1189-96	1.89	1185-00	2.52	1177-08	1.62
	1194	1193+94	1.60	1192-95	1.92	1190-97	1.81	1186-01	2.20	1178-09	1.57
	1195	1194+95	1.57	1193-96	1.86	1191-98	2.00	1187-02	2.18	1179-10	1.76
	1196	1195+96	1.08	1194-97	1.31	1192-99	1.90	1188-03	2.12	1180-11	1.77
	1197	1196+97	1.12	1195-98	1.49	1193-00	2.04	1189-04	1.62	1181-12	1.69
	1198	1197+98	1.64	1196-99	1.73	1194-01	1.78	1190-05	1.23	1182-13	1.57
	1199	1198+99	1.36	1197-00	1.91	1195-02	1.41	1191-06	1.13	1183-14	1.56
	1200	1199+00	1.27	1198-01	1.57	1196-03	1.37	1192-07	1.14	1184-15	1.78
	1201	1200+01	1.41	1199-02	1.08	1197-04	1.22	1193-08	1.17	1185-16	1.64
	1202	1201+02	0.98	1200-03	0.88	1198-05	0.93	1194-09	0.97	1186-17	1.53
	1203	1202+03	1.01	1201-04	1.00	1199-06	0.74	1195-10	1.01	1187-18	1.83
	1204	1203+04	1.09	1202-05	0.68	1200-07	0.65	1196-11	0.99	1188-19	1.70
1921	1205	1204+05	1.15	1203-06	0.83	1201-08	0.99	1197-12	0.93	1189-20	1.56
	1206	1205+06	0.97	1204-07	0.96	1202-09	0.99	1198-13	0.68	1190-21	1.19
	1207	1206+07	0.87	1205-08	1.34	1203-10	1.03	1199-14	0.71	1191-22	1.20
	1208	1207+08	1.19	1206-09	0.92	1204-11	1.13	1200-15	0.82	1192-23	1.07
	1209	1208+09	0.77	1207-10	1.09	1205-12	1.40	1201-16	1.03	1193-24	1.11
	1210	1209+10	0.78	1208-11	1.10	1206-13	1.26	1202-17	1.33	1194-25	1.54
	1211	1210+11	1.25	1209-12	1.05	1207-14	1.25	1203-18	1.59	1195-26	1.85
	1212	1211+12	1.05	1210-13	1.32	1208-15	1.28	1204-19	1.68	1196-27	2.07
	1213	1212+13	1.05	1211-14	1.18	1209-16	1.14	1205-20	2.02	1197-28	2.22
	1214	1213+14	0.78	1212-15	0.90	1210-17	1.30	1206-21	1.74	1198-29	2.34
	1215	1214+15	1.24	1213-16	0.63	1211-18	1.36	1207-22	1.90	1199-30	2.68
	1216	1215+16	1.00	1214-17	1.55	1212-19	1.37	1208-23	1.85	1200-31	2.98
	1217	1216+17	1.47	1215-18	1.68	1213-20	1.54	1209-24	2.29	1201-32	3.20
	1218	1217+18	1.43	1216-19	1.93	1214-21	2.01	1210-25	2.64	1202-33	3.81
	1219	1218+19	1.06	1217-20	1.93	1215-22	2.43	1211-26	2.63	1203-34	4.55
1922	1220	1219+20	1.38	1218-21	1.81	1216-23	2.83	1212-27	3.00	1204-35	4.63
	1221	1220+21	1.52	1219-22	2.16	1217-24	3.21	1213-28	3.20	1205-36	4.82
	1222	1221+22	1.46	1220-23	2.19	1218-25	3.55	1214-29	3.80	1206-37	4.52
	1223	1222+23	1.47	1221-24	2.45	1219-26	3.24	1215-30	4.10	1207-38	4.36
	1224	1223+24	1.36	1222-25	2.61	1220-27	3.24	1216-31	4.62	1208-39	4.22

-59- Tab. 1

Year													
	1225	1224+25	1.70	1223-26	1.73	1221-28	3.12	1217-32	4.38	1209-40	4.00
	1226	1225+26	0.97	1224-27	1.78	1222-29	2.92	1218-33	4.48	1210-41	3.94
	1227	1226+27	1.21	1225-28	1.79	1223-30	2.48	1219-34	4.85	1211-42	4.04
	1228	1227+28	1.50	1226-29	1.70	1224-31	2.80	1220-35	4.79	1212-43	4.35
	1229	1228+29	1.27	1227-30	1.63	1225-32	2.31	1221-36	4.37	1213-44	4.34
1923	1230	1229+30	1.17	1228-31	1.86	1226-33	2.32	1222-37	3.96	1214-45	4.12
	1231	1230+31	1.09	1229-32	1.69	1227-34	2.57	1223-38	3.35	1215-46	3.81
	1232	1231+32	1.30	1230-33	1.77	1228-35	2.60	1224-39	3.22	1216-47	3.54
	1233	1232+33	1.51	1231-34	2.10	1229-36	2.66	1225-40	2.82	1217-48	3.23
	1234	1233+34	1.59	1232-35	2.46	1230-37	2.70	1226-41	2.48	1218-49	2.86
	1235	1234+35	1.43	1233-36	2.00	1231-38	2.50	1227-42	2.61	1219-50	2.74
	1236	1235+36	1.22	1234-37	1.77	1232-39	2.69	1228-43	2.76	1220-51	2.45
	1237	1236+37	1.19	1235-38	1.76	1233-40	2.36	1229-44	2.50	1221-52	2.10
	1238	1237+38	1.24	1236-39	2.02	1234-41	2.00	1230-45	1.86	1222-53	2.23
	1239	1238+39	1.31	1237-40	1.62	1235-42	2.16	1231-46	1.69	1223-54	1.88
	1240	1239+40	1.10	1238-41	1.20	1236-43	2.18	1232-47	1.43	1224-55	1.89
	1241	1240+41	0.82	1239-42	1.43	1237-44	1.79	1233-48	1.23	1225-56	1.88
	1242	1241+42	1.47	1240-43	1.39	1238-45	1.34	1234-49	1.17	1226-57	1.81
	1243	1242+43	1.56	1241-44	1.71	1239-46	1.08	1235-50	1.28	1227-58	1.90
	1244	1243+44	1.14	1242-45	1.34	1240-47	0.98	1236-51	1.19	1228-59	1.91
1924	1245	1244+45	1.09	1243-46	0.92	1241-48	1.06	1237-52	1.23	1229-60	1.50
	1246	1245+46	1.24	1244-47	1.35	1242-49	1.18	1238-53	1.60	1230-61	1.58
	1247	1246+47	1.47	1245-48	1.72	1243-50	1.88	1239-54	1.77	1231-62	1.59
	1248	1247+48	1.33	1246-49	2.14	1244-51	2.45	1240-55	2.07	1232-63	1.54
	1249	1248+49	1.19	1247-50	2.08	1245-52	2.86	1241-56	2.01	1233-64	1.55
	1250	1249+50	1.33	1248-51	1.82	1246-53	2.99	1242-57	1.91	1234-65	1.65
	1251	1250+51	1.34	1249-52	1.52	1247-54	2.59	1243-58	2.22	1235-66	1.62
	1252	1251+52	1.07	1250-53	1.56	1248-55	2.34	1244-59	2.56	1236-67	1.55
	1253	1252+53	0.99	1251-54	1.14	1249-56	1.82	1245-60	2.85	1237-68	1.48
	1254	1253+54	0.92	1252-55	1.09	1250-57	1.53	1246-61	2.95	1238-69	1.68
1925	1255	1254+55	1.22	1253-56	1.22	1251-58	1.28	1247-62	2.67	1239-70	2.03
	1256	1255+56	1.04	1254-57	0.92	1252-59	1.27	1248-63	2.45	1240-71	2.02
	1257	1256+57	0.93	1255-58	1.06	1253-60	1.24	1249-64	2.15	1241-72	2.02
	1258	1257+58	1.35	1256-59	1.24	1254-61	1.33	1250-65	2.30	1242-73	2.06
	1259	1258+59	1.53	1257-60	1.38	1255-62	1.53	1251-66	2.16	1243-74	2.49
	1260	1259+60	0.99	1258-61	1.47	1256-63	1.84	1252-67	1.94	1244-75	2.60
	1261	1260+61	1.23	1259-62	1.29	1257-64	2.16	1253-68	1.74	1245-76	2.83
	1262	1261+62	1.20	1260-63	1.37	1258-65	1.93	1254-69	1.97	1246-77	2.78
	1263	1262+63	1.18	1261-64	1.59	1259-66	1.76	1255-70	2.26	1247-78	2.65
	1264	1263+64	1.53	1262-65	1.79	1260-67	1.50	1256-71	2.10	1248-79	2.27
	1265	1264+65	1.24	1263-66	2.05	1261-68	1.26	1257-72	1.97	1249-80	1.84
	1266	1265+66	1.56	1264-67	1.15	1262-69	1.50	1258-73	1.86	1250-81	1.84
	1267	1266+67	0.78	1265-68	0.96	1263-70	1.47	1259-74	1.86	1251-82	1.52
	1268	1267+68	1.06	1266-69	0.89	1264-71	1.10	1260-75	1.89	1252-83	1.31
	1269	1268+69	0.46	1267-70	1.11	1265-72	0.90	1261-76	1.90	1253-84	1.37
	1270	1269+70	1.18	1268-71	0.75	1266-73	1.11	1262-77	1.68	1254-85	1.86
	1271	1270+71	0.91	1269-72	1.02	1267-74	1.08	1263-78	1.38	1255-86	1.42

Tab. 1   -60-

Jahr	zugeordn. Rot.-Nr.	Rot.-Nr.	ω(2)	Rot.-Nr.	ω(4)	Rot.-Nr.	ω(8)	Rot.-Nr.	ω(16)	Rot.-Nr.	ω(32)
1926	1272	1271+72	1.17	1270-73	1.09	1268-75	0.99	1264-79	0.90	1256-87	1.33
	1273	1272+73	1.23	1271-74	1.50	1269-76	1.57	1265-80	0.61	1257-88	1.28
	1274	1273+74	1.13	1272-75	1.51	1270-77	1.31	1266-81	0.63	1258-89	1.34
	1275	1274+75	1.37	1273-76	1.35	1271-78	1.43	1267-82	0.53	1259-90	1.23
	1276	1275+76	1.56	1274-77	2.00	1272-79	1.22	1268-83	0.52	1260-91	1.12
	1277	1276+77	1.29	1275-78	1.68	1273-80	0.98	1269-84	0.68	1261-92	1.09
	1278	1277+78	0.98	1276-79	1.11	1274-81	1.40	1270-85	0.70	1262-93	1.08
	1279	1278+79	1.04	1277-80	0.89	1275-82	1.17	1271-86	0.79	1263-94	0.91
	1280	1279+80	1.04	1278-81	1.18	1276-83	0.78	1272-87	0.72	1264-95	0.77
	1281	1280+81	1.40	1279-82	1.21	1277-84	0.89	1273-88	0.74	1265-96	0.65
	1282	1281+82	0.95	1280-83	1.22	1278-85	1.06	1274-89	0.94	1266-97	0.63
	1283	1282+83	1.27	1281-84	0.78	1279-86	0.86	1275-90	1.10	1267-98	0.65
	1284	1283+84	0.72	1282-85	0.70	1280-87	1.19	1276-91	0.94	1268-99	0.77
1927	1285	1284+85	1.14	1283-86	0.75	1281-88	1.29	1277-92	0.98	1269-00	0.80
	1286	1285+86	0.70	1284-87	0.91	1282-89	1.45	1278-93	1.16	1270-01	0.95
	1287	1286+87	1.08	1285-88	1.15	1283-90	1.49	1279-94	1.00	1271-02	1.18
	1288	1287+88	1.49	1286-89	1.81	1284-91	1.53	1280-95	1.06	1272-03	1.09
	1289	1288+89	1.26	1287-90	1.67	1285-92	1.42	1281-96	1.21	1273-04	1.17
	1290	1289+90	1.37	1288-91	1.52	1286-93	1.52	1282-97	1.46	1274-05	1.42
	1291	1290+91	0.97	1289-92	1.56	1287-94	1.24	1283-98	1.64	1275-06	1.51
	1292	1291+92	1.39	1290-93	1.30	1288-95	1.36	1284-99	1.51	1276-07	1.35
	1293	1292+93	1.13	1291-94	1.47	1289-96	2.17	1285-00	1.41	1277-08	1.26
	1294	1293+94	1.01	1292-95	2.01	1290-97	2.33	1286-01	1.54	1278-09	1.33
	1295	1294+95	1.66	1293-96	1.89	1291-98	2.49	1287-02	1.71	1279-10	1.27
	1296	1295+96	1.21	1294-97	2.09	1292-99	2.01	1288-03	1.89	1280-11	1.35
	1297	1296+97	1.34	1295-98	1.32	1293-00	1.59	1289-04	2.42	1281-12	1.65
	1298	1297+98	0.79	1296-99	0.93	1294-01	1.46	1290-05	2.48	1282-13	2.00
	1299	1298+99	1.24	1297-00	1.10	1295-02	1.32	1291-06	2.70	1283-14	2.03
1928	1300	1299+00	1.39	1298-01	1.45	1296-03	1.49	1292-07	2.70	1284-15	1.95
	1301	1300+01	1.20	1299-02	1.70	1297-04	1.83	1293-08	2.46	1285-16	1.94
	1302	1301+02	0.92	1300-03	1.88	1298-05	2.36	1294-09	2.31	1286-17	2.03
	1303	1302+03	1.34	1301-04	1.41	1299-06	2.32	1295-10	2.25	1287-18	2.04
	1304	1303+04	1.00	1302-05	1.66	1300-07	2.18	1296-11	2.00	1288-19	2.22
	1305	1304+05	1.25	1303-06	1.59	1301-08	1.64	1297-12	2.49	1289-20	2.63
	1306	1305+06	1.24	1304-07	1.65	1302-09	1.93	1298-13	2.47	1290-21	2.79
	1307	1306+07	1.46	1305-08	1.46	1303-10	1.55	1299-14	2.03	1291-22	2.87
	1308	1307+08	1.22	1306-09	1.69	1304-11	1.48	1300-15	1.71	1292-23	3.25
	1309	1308+09	1.06	1307-10	1.17	1305-12	1.73	1301-16	1.53	1293-24	2.98
	1310	1309+10	0.93	1308-11	1.20	1306-13	1.89	1302-17	1.66	1294-25	2.42
	1311	1310+11	1.19	1309-12	1.29	1307-14	1.45	1303-18	1.11	1295-26	2.20
1929	1312	1311+12	1.15	1310-13	1.16	1308-15	0.96	1304-19	1.25	1296-27	2.16
	1313	1312+13	1.28	1311-14	1.25	1309-16	0.86	1305-20	1.24	1297-28	2.49
	1314	1313+14	1.00	1312-15	1.12	1310-17	1.20	1306-21	1.48	1298-29	2.40
	1315	1314+15	1.37	1313-16	1.31	1311-18	1.37	1307-22	1.42	1299-30	2.27
	1316	1315+16	1.37	1314-17	1.87	1312-19	1.32	1308-23	1.66	1300-31	2.39
	1317	1316+17	1.54	1315-18	1.87	1313-20	1.65	1309-24	1.57	1301-32	2.24
	1318	1317+18	0.85	1316-19	1.39	1314-21	1.94	1310-25	1.29	1302-33	2.26

Tab. 1

Year												
1319	1318+19	0.82	1317-20	0.95	1315-22	1.93	1311-26	1.30	1303-34	2.15
1320	1319+20	1.06	1318-21	1.27	1316-23	2.20	1312-27	1.39	1304-35	2.36
1321	1320+21	1.75	1319-22	1.78	1317-24	1.76	1313-28	1.34	1305-36	2.45
1322	1321+22	1.39	1320-23	2.55	1318-25	1.54	1314-29	1.26	1306-37	2.42
1323	1322+23	1.32	1321-24	1.98	1319-26	1.73	1315-30	1.24	1307-38	2.31
1324	1323+24	1.16	1322-25	1.34	1320-27	2.20	1316-31	1.57	1308-39	2.07
1325	1324+25	1.35	1323-26	1.27	1321-28	2.15	1317-32	1.89	1309-40	2.02
1326	1325+26	1.53	1324-27	2.21	1322-29	2.25	1318-33	2.36	1310-41	2.00
1327	1326+27	1.79	1325-28	2.33	1323-30	2.53	1319-34	3.00	1311-42	2.19
1328	1327+28	1.59	1326-29	2.55	1324-31	3.45	1320-35	3.63	1312-43	1.92
1329	1328+29	1.17	1327-30	2.42	1325-32	3.80	1321-36	4.02	1313-44	1.84
1330	1329+30	1.56	1328-31	2.16	1326-33	3.76	1322-37	4.21	1314-45	2.05
1331	1330+31	1.49	1329-32	2.16	1327-34	3.51	1323-38	4.22	1315-46	2.15
1332	1331+32	1.38	1330-33	1.97	1328-35	3.22	1324-39	4.80	1316-47	2.39
1333	1332+33	1.28	1331-34	1.96	1329-36	3.61	1325-40	5.26	1317-48	3.11
1334	1333+34	1.50	1332-35	2.30	1330-37	3.25	1326-41	4.82	1318-49	3.65
1335	1334+35	1.44	1333-36	2.46	1331-38	3.12	1327-42	4.10	1319-50	3.58
1336	1335+36	1.55	1334-37	2.13	1332-39	3.10	1328-43	3.52	1320-51	3.54
1337	1336+37	1.30	1335-38	2.13	1333-40	3.00	1329-44	3.48	1321-52	3.44
1338	1337+38	1.29	1336-39	2.10	1334-41	2.60	1330-45	3.33	1322-53	3.33
1339	1338+39	1.54	1337-40	1.81	1335-42	2.33	1331-46	3.26	1323-54	2.96
1340	1339+40	1.05	1338-41	1.53	1336-43	2.41	1332-47	3.29	1324-55	3.17
1341	1340+41	1.15	1339-42	1.50	1337-44	2.54	1333-48	3.29	1325-56	3.08
1342	1341+42	1.05	1340-43	1.55	1338-45	1.97	1334-49	2.98	1326-57	2.80
1343	1342+43	1.05	1341-44	1.66	1339-46	1.76	1335-50	2.28	1327-58	2.40
1344	1343+44	1.58	1342-45	1.00	1340-47	1.48	1336-51	1.77	1328-59	2.30
1345	1344+45	0.86	1343-46	1.11	1341-48	1.25	1337-52	1.44	1329-60	2.51
1346	1345+46	1.48	1344-47	1.27	1342-49	1.32	1338-53	1.19	1330-61	2.45
1347	1346+47	1.64	1345-48	2.64	1343-50	1.63	1339-54	1.08	1331-62	2.19
1348	1347+48	1.71	1346-49	2.98	1344-51	1.92	1340-55	1.41	1332-63	2.30
1349	1348+49	1.70	1347-50	2.04	1345-52	2.56	1341-56	1.57	1333-64	2.18
1350	1349+50	1.09	1348-51	1.84	1346-53	2.62	1342-57	2.06	1334-65	2.21
1351	1350+51	1.93	1349-52	2.04	1347-54	2.48	1343-58	2.81		
1352	1351+52	1.45	1350-53	2.76	1348-55	2.79	1344-59	3.29		
1353	1352+53	1.70	1351-54	2.39	1349-56	3.13	1345-60	3.98		
1354	1353+54	1.51	1352-55	2.77	1350-57	4.11	1346-61	4.33		
1355	1354+55	1.68	1353-56	2.26	1351-58	3.94	1347-62	4.37		
1356	1355+56	1.43	1354-57	2.32	1352-59	4.12	1348-63	4.51		
1357	1356+57	1.23	1355-58	1.84	1353-60	3.15	1349-64	4.85		
1358	1357+58	1.26	1356-59	1.70	1354-61	3.17	1350-65	5.57		
1359	1358+59	1.67	1357-60	2.21	1355-62	2.54				
1360	1359+60	1.66	1358-61	2.83	1356-63	2.82	1353-68	2.88		
1361	1360+61	1.74	1359-62	2.38	1357-64	3.43	1354-69	2.32		
1362	1361+62	1.26	1360-63	2.28	1358-65	3.73	1355-70	1.81		
1363	1362+63	1.40	1361-64	2.19	1359-66	2.26	1356-71	1.48		
1364	1363+64	1.34	1362-65	1.74	1360-67	1.39	1357-72	1.57		
1365	1364+65	1.03	1363-66	0.80	1361-68	1.07				

1930 — row 1325; 1931 — row 1340; 1932 — row 1350

Tab. 1   -62-

Jahr	zugeordn. Rot.-Nr.	Rot.-Nr.	ω(2)	Rot.-Nr.	ω(4)	Rot.-Nr.	ω(8)	Rot.-Nr.	ω(16)	Rot.-Nr.	ω(32)
1933	1366	1365+66	0.90	1364-67	0.90	1362-69	1.24	1358-73	1.41	1353-84	2.69
	1367	1366+67	1.67	1365-68	1.98	1363-70	1.24	1359-74	1.21	1354-85	2.46
	1368	1367+68	1.74	1366-69	2.67	1364-71	1.62	1360-75	1.17	1355-86	2.38
	1369	1368+69	1.52	1367-70	2.22	1365-72	2.64	1361-76	1.30	1356-87	2.70
	1370	1369+70	1.43	1368-71	2.10	1366-73	2.76	1362-77	1.55	1357-88	2.99
	1371	1370+71	1.46	1369-72	1.97	1367-74	2.12	1363-78	1.75	1358-89	3.07
	1372	1371+72	1.38	1370-73	1.97	1368-75	2.06	1364-79	2.34		
	1373	1372+73	1.20	1371-74	1.82	1369-76	2.29	1365-80	2.97	1359-90	3.15
	1374	1373+74	1.46	1372-75	1.76	1370-77	3.07	1366-81	2.86	1360-91	2.78
					2.03					1361-92	2.65
	1375	1374+75	1.62	1373-76	2.48	1371-78	3.41	1367-82	3.15	1362-93	2.57
	1376	1375+76	1.57	1374-77	2.56	1372-79	3.54	1368-83	3.49	1363-94	2.31
	1377	1376+77	1.42	1375-78	2.33	1373-80	3.55	1369-84	3.22		
	1378	1377+78	1.38	1376-79	2.13	1374-81	2.42	1370-85	3.34	1364-95	2.18
	1379	1378+79	1.36	1377-80	1.77	1375-82	2.25	1371-86	3.26	1365-96	2.50
1934	1380	1379+80	1.23	1378-81	1.08	1376-83	2.23	1372-87	3.41	1366-97	2.39
	1381	1380+81	0.67	1379-82	1.28	1377-84	1.86	1373-88	3.61	1367-98	2.25
	1382	1381+82	1.33	1380-83	1.17	1378-85	1.39	1374-89	3.48	1368-99	2.36
	1383	1382+83	1.13	1381-84	1.06	1379-86	1.30	1375-90	3.48		
	1384	1383+84	1.06	1382-85	1.25	1380-87	1.38	1376-91	2.79	1369-00	2.34
										1370-01	2.38
	1385	1384+85	1.42	1383-86	1.67	1381-88	1.46	1377-92	2.13	1371-02	2.23
	1386	1385+86	1.25	1384-87	1.95	1382-89	1.63	1378-93	1.63	1372-03	2.03
	1387	1386+87	1.22	1385-88	2.02	1383-90	2.61	1379-94	1.30	1373-04	1.79
	1388	1387+88	1.41	1386-89	1.97	1384-91	1.90	1380-95	0.87		
	1389	1388+89	1.49	1387-90	2.06	1385-92	1.60	1381-96	0.87	1374-05	1.59
										1375-06	1.64
	1390	1389+90	1.41	1388-91	1.34	1386-93	1.12	1382-97	0.80	1376-07	1.61
	1391	1390+91	0.84	1389-92	1.26	1387-94	0.99	1383-98	0.62	1377-08	1.49
	1392	1391+92	1.43	1390-93	1.59	1388-95	0.92	1384-99	0.60	1378-09	1.52
	1393	1392+93	1.32	1391-94	2.01	1389-96	1.27	1385-01	0.68		
1935	1394	1393+94	1.24	1392-95	1.65	1390-97	1.55	1386-01	0.77	1379-10	1.31
										1380-11	1.29
	1395	1394+95	1.32	1393-96	1.74	1391-98	2.17	1387-02	0.98	1381-12	1.20
	1396	1395+96	1.55	1394-97	1.33	1392-99	1.89	1388-03	1.40	1382-13	1.37
	1397	1396+97	0.83	1395-98	1.22	1393-00	1.50	1389-04	1.78	1383-14	1.57
	1398	1397+98	1.06	1396-99	0.93	1394-01	1.45	1390-05	2.06		
	1399	1398+99	0.76	1397-00	0.63	1395-02	1.33	1391-06	2.35	1384-15	1.52
										1385-16	1.63
	1400	1399+00	1.21	1398-01	1.09	1396-03	1.54	1392-07	1.66	1386-17	1.51
	1401	1400+01	1.32	1399-02	1.61	1397-04	1.32	1393-08	1.36	1387-18	1.52
	1402	1401+02	1.24	1400-03	1.57	1398-05	1.48	1394-09	1.22	1388-19	1.56
	1403	1402+03	1.33	1401-04	1.56	1399-06	1.58	1395-10	1.24		
	1404	1403+04	1.21	1402-05	1.54	1400-07	1.24	1396-11	1.48	1389-20	1.47
1936										1390-21	1.62
	1405	1404+05	1.09	1403-06	1.49	1401-08	1.36	1397-12	1.46	1391-22	1.48
	1406	1405+06	1.74	1404-07	1.52	1402-09	1.54	1398-13	1.86	1392-23	1.21
	1407	1406+07	1.25	1405-08	1.67	1403-10	1.30	1399-14	2.38	1393-24	1.31
	1408	1407+08	1.21	1406-09	1.32	1404-11	1.75	1400-15	2.51		
	1409	1408+09	1.18	1407-10	1.80	1405-12	1.72	1401-16	2.68	1394-25	1.48
										1395-26	1.69
	1410	1409+10	1.60	1408-11	2.30	1406-13	2.13	1402-17	2.20	1396-27	1.88
	1411	1410+11	1.68	1409-12	1.97	1407-14	2.73	1403-18	1.88		
	1412	1411+12	1.04	1410-13	2.02	1408-15	2.81	1404-19	2.02		

Tab. 1

Year										
	1413	1412+13	1.47	1411-14	1.72	1409-16	2.77	1405-20	2.21	1397-28	1.91
	1414	1413+14	1.32	1412-15	1.66	1410-17	1.62	1406-21	2.10	1398-29	2.03
	1415	1414+15	1.26	1413-16	1.75	1411-18	1.13	1407-22	1.75	1399-30	2.20
	1416	1415+16	1.56	1414-17	1.34	1412-19	1.10	1408-23	1.69	1400-31	2.01
	1417	1416+17	1.18	1415-18	1.55	1413-20	1.30	1409-24	1.83	1401-32	2.06
	1418	1417+18	0.99	1416-19	1.55	1414-21	1.47	1410-25	1.84	1402-33	1.79
	1419	1418+19	1.35	1417-20	1.23	1415-22	1.22	1411-26	1.59	1403-34	1.74
1937	1420	1419+20	0.88	1418-21	1.39	1416-23	1.07	1412-27	1.32	1404-35	1.64
	1421	1420+21	0.93	1419-22	1.02	1417-24	1.28	1413-28	1.33	1405-36	1.59
	1422	1421+22	0.94	1420-23	1.00	1418-25	1.53	1414-29	1.27	1406-37	1.73
	1423	1422+23	0.94	1421-24	0.96	1419-26	1.47	1415-30	1.30	1407-38	1.90
	1424	1423+24	1.39	1422-25	1.36	1420-27	1.45	1416-31	1.01	1408-39	1.88
	1425	1424+25	1.32	1423-26	1.59	1421-28	0.90	1417-32	1.09	1409-40	1.77
	1426	1425+26	0.89	1424-27	1.42	1422-29	1.10	1418-33	1.18	1410-41	1.74
	1427	1426+27	1.19	1425-28	1.00	1423-30	1.54	1419-34	1.17	1411-42	1.36
	1428	1427+28	0.94	1426-29	0.93	1424-31	1.39	1420-35	0.99	1412-43	1.10
	1429	1428+29	1.01	1427-30	1.33	1425-32	1.36	1421-36	0.87	1413-44	1.23
	1430	1429+30	1.07	1428-31	1.16	1424-33	1.22	1422-37	1.03	1414-45	1.12
	1431	1430+31	1.26	1429-32	1.12	1425-34	1.17	1423-38	1.22	1415-46	1.20
	1432	1431+32	1.03	1430-33	1.09	1426-35	1.08	1424-39	1.42	1416-47	1.14
	1433	1432+33	1.05	1431-34	1.16	1427-36	1.19	1425-40	1.36	1417-48	1.32
	1434	1433+34	1.13	1432-35	0.89	1428-37	1.29	1426-41	1.44	1418-49	1.74
	1435	1434+35	0.70	1433-36	0.87	1429-38	1.14	1427-42	1.24	1419-50	1.99
	1436	1435+36	1.19	1434-37	0.74	1430-39	0.99	1428-43	1.22	1420-51	2.17
	1437	1436+37	1.10	1435-38	1.07	1431-40	0.82	1429-44	1.55	1421-52	2.23
	1438	1437+38	1.21	1436-39	1.56	1432-41	1.12	1430-45	1.54	1422-53	2.03
	1439	1438+39	1.49	1437-40	1.61	1433-42	1.40	1431-46	1.70	1423-54	2.30
1938	1440	1439+40	1.10	1438-41	1.66	1434-43	1.63	1432-47	1.42	1424-55	2.39
	1441	1440+41	1.26	1439-42	1.28	1435-44	1.70	1433-48	1.46	1425-56	2.49
	1442	1441+42	0.77	1440-43	0.85	1436-45	1.64	1434-49	1.71	1426-57	2.39
	1443	1442+43	0.61	1441-44	1.04	1437-46	1.93	1435-50	2.24	1427-58	2.31
	1444	1443+44	1.40	1442-45	0.95	1438-47	1.42	1436-51	2.70	1428-59	2.37
	1445	1444+45	1.06	1443-46	2.01	1439-48	1.42	1437-52	2.92	1429-60	2.40
	1446	1445+46	1.16	1444-47	1.16	1440-49	1.20	1438-53	2.19	1430-61	2.33
	1447	1446+47	0.88	1445-48	1.08	1441-50	1.66	1439-54	2.53	1431-62	2.41
	1448	1447+48	1.60	1446-49	1.76	1442-51	1.94	1440-55	2.78	1432-63	2.58
	1449	1448+49	1.44	1447-50	2.34	1443-52	2.40	1441-56	2.59	1433-64	2.49
	1450	1449+50	1.46	1448-51	1.90	1444-53	2.18	1442-57	2.58	1434-65	2.44
	1451	1450+51	1.15	1449-52	2.07	1445-54	2.54	1443-58	2.72	1435-66	2.90
	1452	1451+52	1.30	1450-53	1.11	1446-55	2.54	1444-59	3.04	1436-67	3.16
	1453	1452+53	0.77	1451-54	1.17	1447-56	2.26	1445-60	2.99	1437-68	3.18
	1454	1453+54	0.90	1452-55	1.69	1448-57	2.34	1446-61	3.11	1438-69	3.04
1939	1455	1454+55	1.60	1453-56	1.58	1449-58	2.25	1447-62	2.91	1439-70	3.06
	1456	1455+56	1.25	1454-57	2.30	1450-59	2.41	1448-63	2.58	1440-71	3.35
	1457	1456+57	1.56	1455-58	2.12	1451-60	2.45	1449-64	2.36	1441-72	3.19
	1458	1457+58	1.41	1456-59	1.91	1452-61	2.85	1450-65	2.12	1442-73	3.09
	1459	1458+59	1.24	1457-60	2.19	1453-62	2.44	1451-66	2.39	1443-74	2.97
	1460	1459+60	1.47	1458-61	2.16	1454-63	2.53	1452-67	2.48	1444-75	3.03

Tab. 1   -64-

Jahr	zugeordn. Rot.-Nr.	Rot.-Nr.	ω(2)	Rot.-Nr.	ω(4)	Rot.-Nr.	ω(8)	Rot.-Nr.	ω(16)	Rot.-Nr.	ω(32)	Rot.-Nr.	ω(64)
1940	1461	1460+61	1.56	1459-62	1.68	1457-64	2.47	1453-68	2.71	1445-76	2.98		
	1462	1461+62	1.16	1460-63	1.61	1458-65	1.92	1454-69	3.30	1446-77	3.09		
	1463	1462+63	0.94	1461-64	1.58	1459-66	2.10	1455-70	3.13	1447-78	3.09		
	1464	1463+64	1.49	1462-65	1.50	1460-67	2.18	1456-71	3.38	1448-79	3.04		
	1465	1464+65	1.63	1463-66	2.15	1461-68	2.55	1457-72	3.23	1449-80	2.68		
	1466	1465+66	1.37	1464-67	1.99	1462-69	2.88	1458-73	3.18	1450-81	2.59		
	1467	1466+67	1.43	1465-68	1.81	1463-70	2.57	1459-74	3.05	1451-82	2.39		
	1468	1467+68	1.39	1466-69	2.26	1464-71	2.39	1460-75	3.13	1452-83	2.52		
	1469	1468+69	1.64	1467-70	1.77	1465-72	1.87	1461-76	3.25	1453-84	2.74		
	1470	1469+70	1.00	1468-71	1.58	1466-73	2.04	1462-77	3.32	1454-85	2.94		
	1471	1470+71	1.00	1469-72	1.16	1467-74	1.73	1463-78	3.33	1455-86	2.80		
	1472	1471+72	1.11	1470-73	1.14	1468-75	1.56	1464-79	3.24	1456-87	3.13		
	1473	1472+73	1.19	1471-74	1.29	1469-76	1.51	1465-80	2.52	1457-88	2.67		
	1474	1473+74	1.40	1472-75	1.56	1470-77	1.79	1466-81	2.45	1458-89	2.72		
1941	1475	1474+75	1.34	1473-76	2.06	1471-78	1.98	1467-82	1.99	1459-90	2.56		
	1476	1475+76	1.24	1474-77	2.21	1472-79	2.44	1468-83	1.96	1460-91	2.69		
	1477	1476+77	1.47	1475-78	2.00	1473-80	2.50	1469-84	1.97	1461-92	2.70		
	1478	1477+78	1.40	1476-79	2.25	1474-81	2.33	1470-85	2.16	1462-93	2.78		
	1479	1478+79	1.57	1477-80	1.70	1475-82	2.02	1471-86	2.23	1463-94	2.59		
	1480	1479+80	1.18	1478-81	1.42	1476-83	2.21	1472-87	2.67	1464-95	2.45		
	1481	1480+81	1.06	1479-82	1.48	1477-84	1.74	1473-88	2.49	1465-96	2.29		
	1482	1481+82	1.38	1480-83	1.84	1478-85	1.72	1474-89	2.44	1466-97	2.35		
	1483	1482+83	1.35	1481-84	1.93	1479-86	2.03	1475-90	2.16	1467-98	2.04		
	1484	1483+84	1.23	1482-85	1.67	1480-87	2.14	1476-91	2.20	1468-99	1.85		
	1485	1484+85	1.24	1483-86	1.69	1481-88	1.97	1477-92	1.85	1469-00	1.85		
	1486	1485+86	1.28	1484-87	1.38	1482-89	1.79	1478-93	1.88	1470-01	1.87		
	1487	1486+87	0.87	1485-88	0.87	1483-90	1.40	1479-94	1.77	1471-02	1.90		
	1488	1487+88	0.73	1486-89	0.97	1484-91	1.16	1480-95	1.93	1472-03	1.83		
	1489	1488+89	1.26	1487-90	0.95	1485-92	1.02	1481-96	1.85	1473-04	1.70		
1942	1490	1489+90	0.94	1488-91	0.94	1486-93	1.05	1482-97	1.63	1474-05	1.49		
	1491	1490+91	0.87	1489-92	0.94	1487-94	1.18	1483-98	1.14	1475-06	1.18		
	1492	1491+92	1.00	1490-93	0.97	1488-95	1.22	1484-99	1.00	1476-07	1.12	1461-24	1.46
	1493	1492+93	1.26	1491-94	1.05	1489-96	1.13	1485-00	1.20	1477-08	1.04	1462-25	1.47
	1494	1493+94	1.24	1492-95	1.51	1490-97	1.35	1486-01	1.56	1478-09	1.04		
	1495	1494+95	1.23	1493-96	1.49	1491-98	1.50	1487-02	1.76	1479-10	1.19	1463-26	1.65
	1496	1495+96	1.38	1494-97	1.54	1492-99	1.94	1488-03	1.71	1480-11	1.29	1464-27	1.78
	1497	1496+97	1.41	1495-98	1.82	1493-00	2.31	1489-04	1.32	1481-12	1.25	1465-28	1.91
	1498	1497+98	1.39	1496-99	1.67	1494-01	2.76	1490-05	1.23	1482-13	1.20	1466-29	1.94
	1499	1498+99	1.49	1497-00	2.28	1495-02	2.24	1491-06	1.18	1483-14	1.24	1467-30	1.94
1943	1500	1499+00	1.72	1498-01	2.68	1496-03	2.31	1492-07	1.12	1484-15	1.58	1468-31	1.86
	1501	1500+01	1.65	1499-02	1.86	1497-04	1.87	1493-08	1.02	1485-16	1.95	1469-32	1.93
	1502	1501+02	1.03	1500-03	1.68	1498-05	1.57	1494-09	1.11	1486-17	2.33	1470-33	2.10
	1503	1502+03	1.39	1501-04	0.85	1499-06	0.98	1495-10	1.25	1487-18	2.77	1471-34	2.32
	1504	1503+04	0.89	1502-05	1.26	1500-07	0.86	1496-11	1.40	1488-19	3.40	1472-35	2.51
	1505	1504+05	1.45	1503-06	1.39	1501-08	1.43	1497-12	1.58	1489-20	3.55	1473-36	2.49
	1506	1505+06	1.24	1504-07	1.87	1502-09	2.28	1498-13	1.94	1490-21	3.83	1474-37	2.67
	1507	1506+07	1.62	1505-08	2.21	1503-10	2.99	1499-14	2.06	1491-22	3.87	1475-38	2.53
	1508	1507+08	1.54	1506-09	2.60	1504-11	3.19	1500-15	2.70	1492-23	3.73	1476-39	2.71
	1509	1508+09	1.52	1507-10	2.72	1505-12	3.54	1501-16	3.59	1493-24	3.41	1477-40	2.61

Tab. 1

Year													
1944	1510	1509+10	1.56	1508-11	2.38	1506-13	3.82	1502-17	4.13	1494-25	3.48	1478-41	2.62
	1511	1510+11	1.30	1509-12	1.96	1507-14	3.47	1503-18	4.83	1495-26	3.69	1479-42	2.65
	1512	1511+12	1.50	1510-13	2.41	1508-15	3.93	1504-19	5.32	1496-27	3.67	1480-43	2.85
	1513	1512+13	1.69	1511-14	2.61	1509-16	4.01	1505-20	5.87	1497-28	3.46	1481-44	2.65
	1514	1513+14	1.66	1512-15	2.64	1510-17	4.17	1506-21	5.82	1498-29	3.26	1482-45	2.49
	1515	1514+15	1.52	1513-16	2.64	1511-18	4.48	1507-22	5.55	1499-30	2.95	1483-46	2.18
	1516	1515+16	1.74	1514-17	2.63	1512-19	4.46	1508-23	5.07	1500-31	2.83	1484-47	2.20
	1517	1516+17	1.60	1515-18	2.60	1513-20	4.34	1509-24	4.19	1501-32	3.04	1485-48	2.28
	1518	1517+18	1.32	1516-19	2.44	1514-21	3.70	1510-25	3.91	1502-33	3.30	1486-49	2.27
	1519	1518+19	1.48	1517-20	2.24	1515-22	3.36	1511-26	3.98	1503-34	3.51	1487-50	2.40
	1520	1519+20	1.44	1518-21	1.61	1516-23	2.14	1512-27	3.60	1504-35	3.59	1488-51	2.42
	1521	1520+21	1.18	1519-22	1.50	1517-24	1.29	1513-28	3.24	1505-36	3.69	1489-52	2.37
	1522	1521+22	1.44	1520-23	1.03	1518-25	1.04	1514-29	2.68	1506-37	3.62	1490-53	2.29
	1523	1522+23	0.81	1521-24	0.87	1519-26	1.02	1515-30	2.06	1507-38	3.21	1491-54	2.13
	1524	1523+24	1.24	1522-25	1.10	1520-27	1.17	1516-31	1.44	1508-39	3.10	1492-55	2.12
1945	1525	1524+25	1.04	1523-26	1.21	1521-28	1.36	1517-32	1.27	1509-40	2.67	1493-56	2.02
	1526	1525+26	0.95	1524-27	1.31	1522-29	1.64	1518-33	1.22	1510-41	2.68	1494-57	1.95
	1527	1526+27	1.41	1525-28	1.15	1523-30	1.60	1519-34	1.27	1511-42	2.62	1495-58	1.84
	1528	1527+28	1.21	1526-29	1.54	1524-31	1.54	1520-35	1.34	1512-43	2.51	1496-59	1.85
	1529	1528+29	1.26	1527-30	1.21	1525-32	1.20	1521-36	1.25	1513-44	2.27	1497-60	1.80
	1530	1529+30	1.14	1528-31	1.35	1526-33	1.14	1522-37	1.16	1514-45	2.05	1498-61	1.69
	1531	1530+31	1.29	1529-32	1.21	1527-34	1.04	1523-38	1.16	1515-46	1.78	1499-62	1.59
	1532	1531+32	1.08	1530-33	1.04	1528-35	1.16	1524-39	1.12	1516-47	1.73	1500-63	1.61
	1533	1532+33	1.24	1531-34	1.06	1529-36	0.69	1525-40	1.12	1517-48	1.69	1501-64	1.33
	1534	1533+34	1.03	1532-35	1.27	1530-37	0.66	1526-41	1.22	1518-49	1.50	1502-65	1.42
	1535	1534+35	1.38	1533-36	0.95	1531-38	0.64	1527-42	1.14	1519-50	1.49	1503-66	1.50
	1536	1535+36	0.71	1534-37	0.95	1532-39	0.93	1528-43	1.10	1520-51	1.58	1504-67	1.66
	1537	1536+37	1.19	1535-38	0.93	1533-40	1.54	1529-44	1.09	1521-52	1.77	1505-68	1.83
	1538	1537+38	0.93	1536-39	1.44	1534-41	1.76	1530-45	1.29	1522-53	1.68	1506-69	1.86
	1539	1538+39	1.55	1537-40	1.66	1535-42	1.51	1531-46	1.25	1523-54	1.54	1507-70	1.83
1946	1540	1539+40	1.35	1538-41	1.63	1536-43	1.12	1532-47	1.58	1524-55	1.54	1508-71	1.78
	1541	1540+41	1.06	1539-42	0.84	1537-44	1.14	1533-48	1.81	1525-56	1.41	1509-72	1.79
	1542	1541+42	0.94	1540-43	0.70	1538-45	1.11	1534-49	1.67	1526-57	1.67		
	1543	1542+43	1.37	1541-44	0.68	1539-46	1.04	1535-50	1.64	1527-58	1.74		
	1544	1543+44	0.69	1542-45	0.99	1540-47	1.38	1536-51	1.90	1528-59	1.65		
	1545	1544+45	1.21	1543-46	1.12	1541-48	1.30	1537-52	1.64	1529-60	1.47		
	1546	1545+46	1.46	1544-47	1.60	1542-49	1.35	1538-53	1.53	1530-61	1.55		
	1547	1546+47	0.99	1545-48	1.27	1543-50	1.29	1539-54	1.40	1531-62	1.52		
	1548	1547+48	1.04	1546-49	1.09	1544-51	1.68	1540-55	1.55	1532-63	1.67		
	1549	1548+49	1.16	1547-50	0.84	1545-52	1.21	1541-56	1.21	1533-64	1.91		
	1550	1549+50	1.00	1548-51	1.22	1546-53	1.23	1542-57	1.43	1534-65	1.88		
	1551	1550+51	0.80	1549-52	1.13	1547-54	1.15	1543-58	1.56	1535-66	2.10		
	1552	1551+52	0.89	1550-53	1.33	1548-55	1.47	1544-59	1.71	1536-67	2.09		
	1553	1552+53	1.06	1551-54	1.31	1549-56	1.08	1545-60	1.46	1537-68	2.08		
	1554	1553+54	1.28	1552-55	1.06	1550-57	1.28	1546-61	1.44	1538-69	2.19		
	1555	1554+55	1.09	1553-56	0.77	1551-58	1.28	1547-62	1.30	1539-70	2.25		

Tab. 1   -66-

Jahr	zugeordn. Rot.-Nr.	Rot.-Nr.	ω(2)	Rot.-Nr.	ω(4)	Rot.-Nr.	ω(8)	Rot.-Nr.	ω(16)	Rot.-Nr.	ω(32)
1947	1556	1555+56	0.38	1554-57	0.74	1552-59	1.14	1548-63	1.48	1540-71	2.24
	1557	1556+57	1.05	1555-58	0.74	1553-60	1.50	1549-64	1.45	1541-72	1.85
	1558	1557+58	0.95	1556-59	1.22	1554-61	1.25	1550-65	1.69	1542-73	1.81
	1559	1558+59	1.16	1557-60	1.32	1555-62	0.93	1551-66	1.65	1543-74	1.97
	1560	1559+60	1.68	1558-61	1.22	1556-63	1.52	1552-67	1.52	1544-75	2.20
	1561	1560+61	1.04	1559-62	1.08	1557-64	1.43	1553-68	1.44	1545-76	2.08
	1562	1561+62	0.96	1560-63	1.35	1558-65	1.18	1554-69	1.24	1546-77	2.16
	1563	1562+63	1.39	1561-64	1.53	1559-66	1.17	1555-70	1.30	1547-78	2.06
	1564	1563+64	1.22	1562-65	1.77	1560-67	1.61	1556-71	1.31	1548-79	2.00
	1565	1564+65	1.32	1563-66	1.75	1561-68	2.17	1557-72	1.24	1549-80	2.01
	1566	1565+66	1.30	1564-67	1.84	1562-69	2.35	1558-73	1.04	1550-81	2.25
	1567	1566+67	1.72	1565-68	2.05	1563-70	2.36	1559-74	1.15	1551-82	2.16
	1568	1567+68	1.35	1566-69	2.01	1564-71	2.43	1560-75	1.67	1552-83	1.99
	1569	1568+69	1.41	1567-70	1.89	1565-72	1.95	1561-76	2.18	1553-84	1.70
1948	1570	1569+70	1.46	1568-71	2.00	1566-73	1.89	1562-77	2.45	1554-85	1.56
	1571	1570+71	1.51	1569-72	1.07	1567-74	1.65	1563-78	2.26	1555-86	1.82
	1572	1571+72	0.54	1570-73	0.86	1568-75	1.46	1564-79	2.17	1556-87	1.83
	1573	1572+73	0.68	1571-74	0.76	1569-76	1.16	1565-80	2.16	1557-88	2.17
	1574	1573+74	1.04	1572-75	1.26	1570-77	1.09	1566-81	2.02	1558-89	1.89
	1575	1574+75	1.50	1573-76	1.24	1571-78	1.06	1567-82	1.94	1559-90	1.87
	1576	1575+76	1.01	1574-77	1.40	1572-79	1.12	1568-83	1.62	1560-91	1.89
	1577	1576+77	0.96	1575-78	1.27	1573-80	1.38	1569-84	1.21	1561-92	1.91
	1578	1577+78	1.17	1576-79	1.12	1574-81	1.92	1570-85	1.24	1562-93	1.80
	1579	1578+79	0.88	1577-80	1.36	1575-82	2.08	1571-86	1.52	1563-94	1.81
1949	1580	1579+80	0.85	1578-81	1.40	1576-83	1.80	1572-87	1.89	1564-95	1.64
	1581	1580+81	1.12	1579-82	1.38	1577-84	1.17	1573-88	1.97	1565-96	1.70
	1582	1581+82	1.29	1580-83	1.28	1578-85	1.06	1574-89	2.15	1566-97	1.69
	1583	1582+83	0.95	1581-84	0.96	1579-86	1.14	1575-90	1.80	1567-98	1.62
	1584	1583+84	1.05	1582-85	1.29	1580-87	1.53	1576-91	1.34	1568-99	1.53
	1585	1584+85	1.21	1583-86	1.58	1581-88	1.72	1577-92	1.25	1569-00	1.34
	1586	1585+86	1.31	1584-87	1.77	1582-89	1.72	1578-93	1.21	1570-01	1.22
	1587	1586+87	1.53	1585-88	1.93	1583-90	1.69	1579-94	1.31	1571-02	1.34
	1588	1587+88	1.09	1586-89	1.21	1584-91	1.13	1580-95	1.15	1572-03	1.57
	1589	1588+89	0.84	1587-90	1.00	1585-92	0.92	1581-96	1.08	1573-04	1.60
	1590	1589+90	1.47	1588-91	1.29	1586-93	0.81	1582-97	1.30	1574-05	1.59
	1591	1590+91	1.28	1589-92	1.56	1587-94	1.05	1583-98	1.54	1575-06	1.32
	1592	1591+92	0.91	1590-93	1.14	1588-95	1.30	1584-99	1.62	1576-07	1.13
	1593	1592+93	1.36	1591-94	0.91	1589-96	1.46	1585-00	1.58	1577-08	1.13
	1594	1593+94	0.90	1592-95	1.22	1590-97	1.15	1586-01	1.40	1578-09	1.13
1950	1595	1594+95	0.86	1593-96	0.62	1591-98	1.20	1587-02	1.40	1579-10	1.01
	1596	1595+96	0.95	1594-97	1.04	1592-99	1.40	1588-03	1.47	1580-11	0.89
	1597	1596+97	1.15	1595-98	1.57	1593-00	1.27	1589-04	1.44	1581-12	0.93
	1598	1597+98	1.46	1596-99	1.51	1594-01	1.44	1590-05	1.30	1582-13	0.98
	1599	1598+99	1.16	1597-00	1.49	1595-02	1.19	1591-06	0.93	1583-14	1.05
	1600	1599+00	1.08	1598-01	1.11	1596-03	1.06	1592-07	0.90	1584-15	0.96
	1601	1600+01	1.16	1599-02	0.92	1597-04	1.09	1593-08	1.02	1585-16	0.94
	1602	1601+02	1.09	1600-03	1.18	1598-05	1.03	1594-09	1.36	1586-17	0.93

Tab. 1

Year									
1603	1602+03	1.02	1601-04	1.21	1599-06	1.13	1595-10	1.48	1587-18	1.04
1604	1603+04	1.68	1602-05	1.59	1600-07	1.78	1596-11	1.26	1588-19	1.15
1605	1604+05	1.39	1603-06	2.06	1601-08	1.88	1597-12	1.38	1589-20	1.21
1606	1605+06	1.54	1604-07	2.28	1602-09	2.19	1598-13	1.22	1590-21	1.33
1607	1606+07	1.70	1605-08	2.20	1603-10	2.51	1599-14	1.31	1591-22	1.36
1608	1607+08	1.09	1606-09	1.82	1604-11	1.91	1600-15	1.47	1592-23	1.55
1609	1608+09	1.28	1607-10	1.34	1605-12	1.62	1601-16	1.44	1593-24	1.62
1610	1609+10	1.28	1608-11	1.16	1606-13	1.64	1602-17	1.56	1594-25	1.92
1611	1610+11	1.43	1609-12	1.86	1607-14	1.53	1603-18	2.12	1595-26	1.88
1612	1611+12	1.30	1610-13	1.82	1608-15	1.50	1604-19	2.10	1596-27	1.67
1613	1612+13	1.27	1611-14	1.47	1609-16	1.78	1605-20	2.02	1597-28	1.88
1614	1613+14	0.86	1612-15	1.20	1610-17	1.16	1606-21	2.07	1598-29	1.72
1615	1614+15	0.83	1613-16	1.17	1611-18	1.11	1607-22	1.98	1599-30	1.86
1616	1615+16	1.00	1614-17	0.91	1612-19	1.43	1608-23	2.14	1600-31	2.11
1617	1616+17	0.92	1615-18	0.96	1613-20	1.38	1609-24	1.80	1601-32	2.19
1618	1617+18	1.44	1616-19	1.78	1614-21	1.64	1610-25	1.60	1602-33	2.41
1619	1618+19	1.77	1617-20	2.40	1615-22	1.46	1611-26	1.25	1603-34	2.96
1620	1619+20	1.57	1618-21	2.01	1616-23	2.14	1612-27	1.12	1604-35	2.95
1621	1620+21	1.27	1619-22	1.37	1617-24	1.88	1613-28	1.24	1605-36	2.59
1622	1621+22	1.04	1620-23	1.46	1618-25	2.07	1614-29	1.20	1606-37	2.76
1623	1622+23	1.47	1621-24	1.43	1619-26	1.69	1615-30	1.23	1607-38	2.65
1624	1623+24	1.46	1622-25	2.14	1620-27	1.64	1616-31	1.50	1608-39	2.51
1625	1624+25	1.59	1623-26	2.11	1621-28	2.32	1617-32	1.90	1609-40	2.65
1626	1625+26	1.34	1624-27	2.16	1622-29	2.66	1618-33	2.10	1610-41	2.52
1627	1626+27	1.54	1625-28	1.92	1623-30	2.35	1619-34	2.39	1611-42	2.53
1628	1627+28	1.23	1626-29	1.89	1624-31	2.17	1620-35	2.54	1612-43	2.67
1629	1628+29	1.22	1627-30	1.35	1625-32	1.88	1621-36	2.86	1613-44	2.55
1630	1629+30	0.93	1628-31	1.45	1626-33	1.80	1622-37	3.45	1614-45	2.73
1631	1630+31	1.46	1629-32	1.42	1627-34	2.02	1623-38	3.34	1615-46	2.79
1632	1631+32	1.30	1630-33	1.88	1628-35	2.57	1624-39	3.19	1616-47	3.11
1633	1632+33	1.35	1631-34	2.37	1629-36	2.56	1625-40	3.17	1617-48	3.47
1634	1633+34	1.71	1632-35	2.12	1630-37	2.96	1626-41	3.11	1618-49	3.77
1635	1634+35	1.40	1633-36	2.06	1631-38	2.60	1627-42	3.16	1619-50	3.80
1636	1635+36	1.52	1634-37	1.90	1632-39	2.08	1628-43	3.36	1620-51	3.66
1637	1636+37	1.25	1635-38	1.67	1633-40	2.51	1629-44	3.15	1621-52	3.45
1638	1637+38	1.50	1636-39	2.02	1634-41	2.67	1630-45	3.72	1622-53	3.14
1639	1638+39	1.45	1637-40	2.35	1635-42	2.77	1631-46	3.67	1623-54	3.08
1640	1639+40	1.35	1638-41	2.18	1636-43	2.82	1632-47	3.75	1624-55	2.94
1641	1640+41	1.54	1639-42	1.79	1637-44	2.24	1633-48	4.30	1625-56	2.71
1642	1641+42	1.26	1640-43	1.95	1638-45	2.29	1634-49	4.07	1626-57	2.69
1643	1642+43	1.32	1641-44	1.78	1639-46	2.32	1635-50	3.76	1627-58	2.42
1644	1643+44	1.27	1642-45	1.70	1640-47	2.97	1636-51	3.28	1628-59	2.39
1645	1644+45	0.79	1643-46	1.81	1641-48	3.24	1637-52	2.67	1629-60	2.26
1646	1645+46	1.43	1644-47	1.85	1642-49	3.32	1638-53	2.13	1630-61	2.43
1647	1646+47	1.56	1645-48	2.76	1643-50	2.80	1639-54	2.12	1631-62	2.39
1648	1647+48	1.66	1646-49	2.38	1644-51	2.20	1640-55	2.24	1632-63	2.16
1649	1648+49	1.12	1647-50	1.42	1645-52	1.44	1641-56	1.81	1633-64	2.08

1951

1952

1953

Tab. 1   -68-

Jahr	zugeordn. Rot.-Nr.	Rot.-Nr.	ω(2)	Rot.-Nr.	ω(4)	Rot.-Nr.	ω(8)	Rot.-Nr.	ω(16)	Rot.-Nr.	ω(32)
1954	1650	1649+50	0.83	1648-51	1.01	1646-53	1.00	1642-57	1.78	1634-65	1.73
	1651	1650+51	1.26	1649-52	1.16	1647-54	1.03	1643-58	1.46	1635-66	1.48
	1652	1651+52	1.22	1650-53	1.73	1648-55	0.82	1644-59	1.19	1636-67	1.21
	1653	1652+53	1.22	1651-54	1.34	1649-56	0.97	1645-60	0.95	1637-68	1.22
	1654	1653+54	0.99	1652-55	1.22	1650-57	1.17	1646-61	1.05	1638-69	1.06
	1655	1654+55	0.94	1653-56	0.85	1651-58	1.13	1647-62	1.03	1639-70	1.01
	1656	1655+56	0.86	1654-57	0.97	1652-59	1.54	1648-63	1.19	1640-71	1.08
	1657	1656+57	1.14	1655-58	1.06	1653-60	1.34	1649-64	1.53	1641-72	0.88
	1658	1657+58	0.88	1656-59	1.25	1654-61	1.36	1650-65	1.42	1642-73	0.69
	1659	1658+59	1.00	1657-60	1.06	1655-62	1.42	1651-66	1.78	1643-74	0.63
	1660	1659+60	1.15	1658-61	1.16	1656-63	1.66	1652-67	1.92	1644-75	0.57
	1661	1660+61	1.41	1659-62	1.60	1657-64	1.61	1653-68	1.71	1645-76	0.51
	1662	1661+62	1.41	1660-63	1.98	1658-65	1.51	1654-69	1.49	1646-77	0.63
	1663	1662+63	1.09	1661-64	1.46	1659-66	2.00	1655-70	1.10	1647-78	0.71
	1664	1663+64	1.23	1662-65	0.89	1660-67	2.09	1656-71	0.92	1648-79	0.72
1955	1665	1664+65	0.77	1663-66	1.38	1661-68	1.73	1657-72	0.70	1649-80	0.88
	1666	1665+66	1.05	1664-67	1.13	1662-69	1.14	1658-73	0.91	1650-81	0.78
	1667	1666+67	1.15	1665-68	1.12	1663-70	0.79	1659-74	1.00	1651-82	0.91
	1668	1667+68	0.97	1666-69	0.92	1664-71	0.82	1660-75	1.01	1652-83	0.86
	1669	1668+69	0.90	1667-70	0.71	1665-72	0.89	1661-76	0.90	1653-84	0.78
	1670	1669+70	0.98	1668-71	0.97	1666-73	1.00	1662-77	0.76	1654-85	0.71
	1671	1670+71	1.30	1669-72	1.51	1667-74	1.57	1663-78	0.74	1655-86	0.60
	1672	1671+72	1.03	1670-73	1.42	1668-75	1.46	1664-79	0.55	1656-87	0.59
	1673	1672+73	1.19	1671-74	1.74	1669-76	1.38	1665-80	0.55	1657-88	0.60
	1674	1673+74	1.53	1672-75	1.18	1670-77	0.70	1666-81	0.47	1658-89	0.66
1956	1675	1674+75	0.76	1673-76	0.85	1671-78	0.52	1667-82	0.46	1659-90	0.62
	1676	1675+76	0.84	1674-77	0.64	1672-79	0.32	1668-83	0.53	1660-91	0.60
	1677	1676+77	1.02	1675-78	0.83	1673-80	0.50	1669-84	0.54	1661-92	0.57
	1678	1677+78	0.81	1676-79	1.27	1674-81	0.75	1670-85	0.40	1662-93	0.57
	1679	1678+79	1.28	1677-80	1.35	1675-82	1.41	1671-86	0.39	1663-94	0.71
	1680	1679+80	1.42	1678-81	1.36	1676-83	1.12	1672-87	0.23	1664-95	0.68
	1681	1680+81	1.12	1679-82	1.40	1677-84	0.93	1673-88	0.39	1665-96	0.57
	1682	1681+82	1.11	1680-83	0.65	1678-85	0.73	1674-89	0.54	1666-97	0.60
	1683	1682+83	0.36	1681-84	0.42	1679-86	0.61	1675-90	0.74	1667-98	0.64
	1684	1683+84	1.40	1682-85	0.66	1680-87	0.45	1676-91	0.68	1668-99	0.67
	1685	1684+85	1.06	1683-86	1.42	1681-88	0.49	1677-92	0.63	1669-00	0.73
	1686	1685+86	1.19	1684-87	0.74	1682-89	0.60	1678-93	0.51	1670-01	0.76
	1687	1686+87	0.85	1685-88	0.88	1683-90	0.92	1679-94	0.60	1671-02	0.80
	1688	1687+88	0.76	1686-89	0.82	1684-91	1.21	1680-95	0.75	1672-03	0.88
	1689	1688+89	1.18	1687-90	1.07	1685-92	1.47	1681-96	1.07	1673-04	0.95
1957	1690	1689+90	1.09	1688-91	1.57	1686-93	1.34	1682-97	1.05	1674-05	0.93
	1691	1690+91	1.68	1689-92	1.70	1687-94	1.27	1683-98	1.23	1675-06	0.95
	1692	1691+92	1.16	1690-93	1.45	1688-95	1.27	1684-99	1.17	1676-07	0.89
	1693	1692+93	1.05	1691-94	1.18	1689-96	1.42	1685-00	1.32	1677-08	0.90
	1694	1693+94	1.10	1692-95	0.90	1690-97	1.23	1686-01	1.27	1678-09	0.99
	1695	1694+95	0.82	1693-96	1.13	1691-98	0.98	1687-02	1.17	1679-10	1.08
	1696	1695+96	1.24	1694-97	1.25	1692-99	0.83	1688-03	1.55	1680-11	1.31
	1697	1696+97	1.37	1695-98	0.99	1693-00	0.91	1689-04	1.45	1681-12	1.28

-69- Tab. 1

Year									
1698	1697+98	0.83	1696-99	0.58	1694-01	0.87	1690-05	1.24	1682-13	1.05
1699	1698+99	1.22	1697-00	0.68	1695-02	1.08	1691-06	1.18	1683-14	1.05
1700	1699+00	1.18	1698-01	1.51	1696-03	1.02	1692-07	0.91	1684-15	0.86
1701	1700+01	1.36	1699-02	1.29	1697-04	1.07	1693-08	1.07	1685-16	0.83
1702	1701+02	1.12	1700-03	1.13	1698-05	1.40	1694-09	1.24	1686-17	0.99
1703	1702+03	0.90	1701-04	0.75	1699-06	1.34	1695-10	1.44	1687-18	0.90
1704	1703+04	0.90	1702-05	0.70	1700-07	1.11	1696-11	1.50	1688-19	0.84
1705	1704+05	1.29	1703-06	1.42	1701-08	1.20	1697-12	1.65	1689-20	0.83
1706	1705+06	1.73	1704-07	1.76	1702-09	1.44	1698-13	1.61	1690-21	0.61
1707	1706+07	1.27	1705-08	2.01	1703-10	2.13	1699-14	1.54	1691-22	0.65
1708	1707+08	1.38	1706-09	2.04	1704-11	2.85	1700-15	1.39	1692-23	0.61
1709	1708+09	1.43	1707-10	2.08	1705-12	2.35	1701-16	1.15	1693-24	0.69
1710	1709+10	1.46	1708-11	2.20	1706-13	1.65	1702-17	1.05	1694-25	0.70
1711	1710+11	1.49	1709-12	1.46	1707-14	1.49	1703-18	1.36	1695-26	0.70
1712	1711+12	0.64	1710-13	0.70	1708-15	1.30	1704-19	1.32	1696-27	0.51
1713	1712+13	0.67	1711-14	0.68	1709-16	1.05	1705-20	1.27	1697-28	0.52
1714	1713+14	1.44	1712-15	1.17	1710-17	0.85	1706-21	1.17	1698-29	0.56
1715	1714+15	1.43	1713-16	1.66	1711-18	0.84	1707-22	0.98	1699-30	0.77
1716	1715+16	0.96	1714-17	1.04	1712-19	1.06	1708-23	0.98	1700-31	0.91
1717	1716+17	0.50	1715-18	0.80	1713-20	1.27	1709-24	1.29	1701-32	1.01
1718	1717+18	1.17	1716-19	0.77	1714-21	1.50	1710-25	1.56	1702-33	1.23
1719	1718+19	1.31	1717-20	1.86	1715-22	1.46	1711-26	1.52	1703-34	1.40
1720	1719+20	1.52	1718-21	2.18	1716-23	1.10	1712-27	1.70	1704-35	1.61
1721	1720+21	1.44	1719-22	1.47	1717-24	1.41	1713-28	1.73	1705-36	1.73
1722	1721+22	0.82	1720-23	0.84	1718-25	1.63	1714-29	1.57	1706-37	1.72
1723	1722+23	1.00	1721-24	0.90	1719-26	1.38	1715-30	1.45	1707-38	1.60
1724	1723+24	0.74	1722-25	0.93	1720-27	1.05	1716-31	1.46	1708-39	1.49
1725	1724+25	0.87	1723-26	1.02	1721-28	0.96	1717-32	1.45	1709-40	1.31
1726	1725+26	1.09	1724-27	0.74	1722-29	0.65	1718-33	1.60	1710-41	1.42
1727	1726+27	0.76	1725-28	0.65	1723-30	0.60	1719-34	1.41	1711-42	1.49
1728	1727+28	1.32	1726-29	0.86	1724-31	0.85	1720-35	1.29	1712-43	1.64
1729	1728+29	1.35	1727-30	1.30	1725-32	0.78	1721-36	1.35	1713-44	1.46
1730	1729+30	1.28	1728-31	1.67	1726-33	1.27	1722-37	1.43	1714-45	1.58
1731	1730+31	1.25	1729-32	1.55	1727-34	2.34	1723-38	1.60	1715-46	1.53
1732	1731+32	1.10	1730-33	1.53	1728-35	2.55	1724-39	1.67	1716-47	1.75
1733	1732+33	1.37	1731-34	1.82	1729-36	2.52	1725-40	1.58	1717-48	1.81
1734	1733+34	1.35	1732-35	1.72	1730-37	2.40	1726-41	1.87	1718-49	1.84
1735	1734+35	1.39	1733-36	1.71	1731-38	2.53	1727-42	2.51	1719-50	2.00
1736	1735+36	1.02	1734-37	1.46	1732-39	2.19	1728-43	2.39	1720-51	2.43
1737	1736+37	1.05	1735-38	1.32	1733-40	1.70	1729-44	2.06	1721-52	2.56
1738	1737+38	0.81	1736-39	1.16	1734-41	1.55	1730-45	2.21	1722-53	2.55
1739	1738+39	0.99	1737-40	0.83	1735-42	1.00	1731-46	2.36	1723-54	2.19
1740	1739+40	1.09	1738-41	1.46	1736-43	0.95	1732-47	2.59	1724-55	1.91
1741	1740+41	1.29	1739-42	1.09	1737-44	1.07	1733-48	2.87	1725-56	1.97
1742	1741+42	1.22	1740-43	1.24	1738-45	1.86	1734-49	2.77	1726-57	1.83
1743	1742+43	1.07	1741-44	1.21	1739-46	1.80	1735-50	2.55	1727-58	2.04
1744	1743+44	0.87	1742-45	1.34	1740-47	2.07	1736-51	2.51	1728-59	1.84

1958

1959

1960

Tab. 1   -70-

Jahr	zugeordn. Rot.-Nr.	Rot.-Nr.	ω(2)	Rot.-Nr.	ω(4)	Rot.-Nr.	ω(8)	Rot.-Nr.	ω(16)	Rot.-Nr.	ω(32)
1961	1745	1744+45	1.24	1743-46	1.38	1741-48	2.32	1737-52	2.45	1729-60	1.74
	1746	1745+46	1.15	1744-47	1.69	1742-49	2.22	1738-53	2.60	1730-61	1.65
	1747	1746+47	1.49	1745-48	2.07	1743-50	2.26	1739-54	2.06	1731-62	1.57
	1748	1747+48	1.43	1746-49	1.87	1744-51	2.39	1740-55	1.80	1732-63	1.30
	1749	1748+49	1.13	1747-50	1.19	1745-52	2.06	1741-56	1.47	1733-64	1.26
	1750	1749+50	1.13	1748-51	1.42	1746-53	1.65	1742-57	1.26	1734-65	1.28
	1751	1750+51	1.40	1749-52	0.96	1747-54	1.06	1743-58	1.21	1735-66	1.10
	1752	1751+52	1.09	1750-53	0.72	1748-55	0.66	1744-59	1.00	1736-67	0.89
	1753	1752+53	0.74	1751-54	0.72	1749-56	0.60	1745-60	0.96	1737-68	0.92
	1754	1753+54	1.03	1752-55	0.53	1750-57	0.56	1746-61	1.07	1738-69	1.17
	1755	1754+55	1.15	1753-56	1.07	1751-58	0.93	1747-62	0.89	1739-70	1.19
	1756	1755+56	0.92	1754-57	1.09	1752-59	1.21	1748-63	0.82	1740-71	1.29
	1757	1756+57	1.23	1755-58	0.98	1753-60	1.52	1749-64	1.27	1741-72	1.44
	1758	1757+58	1.11	1756-59	1.13	1754-61	1.90	1750-65	1.66	1742-73	1.47
	1759	1758+59	1.24	1757-60	1.15	1755-62	1.28	1751-66	1.92	1743-74	1.55
1962	1760	1759+60	1.45	1758-61	1.75	1756-63	1.22	1752-67	1.91	1744-75	1.70
	1761	1760+61	1.20	1759-62	1.18	1757-64	1.54	1753-68	2.05	1745-76	1.71
	1762	1761+62	0.51	1760-63	0.73	1758-65	1.89	1754-69	1.96	1746-77	1.95
	1763	1762+63	0.66	1761-64	0.96	1759-66	1.85	1755-70	1.49	1747-78	2.12
	1764	1763+64	1.32	1762-65	1.19	1760-67	1.52	1756-71	1.62	1748-79	2.41
	1765	1764+65	1.44	1763-66	1.63	1761-68	1.61	1757-72	1.68	1749-80	2.84
	1766	1765+66	1.30	1764-67	1.35	1762-69	1.67	1758-73	1.79	1750-81	2.92
	1767	1766+67	1.10	1765-68	1.48	1763-70	1.68	1759-74	2.21	1751-82	3.11
	1768	1767+68	1.19	1766-69	1.71	1764-71	1.75	1760-75	2.35	1752-83	3.87
	1769	1768+69	1.22	1767-70	1.57	1765-72	2.13	1761-76	2.47	1753-84	4.16
1963	1770	1769+70	1.18	1768-71	1.83	1766-73	2.81	1762-77	3.23	1754-85	3.50
	1771	1770+71	1.57	1769-72	1.95	1767-74	3.02	1763-78	3.26	1755-86	4.18
	1772	1771+72	1.30	1770-73	2.17	1768-75	3.04	1764-79	3.69	1756-87	4.35
	1773	1772+73	1.59	1771-74	2.29	1769-76	3.27	1765-80	4.33	1757-88	4.45
	1774	1773+74	1.51	1772-75	2.28	1770-77	3.41	1766-81	4.91	1758-89	4.88
	1775	1774+75	1.50	1773-76	1.89	1771-78	3.13	1767-82	5.08	1759-90	5.41
	1776	1775+76	1.22	1774-77	2.10	1772-79	3.29	1768-83	5.17	1760-91	6.00
	1777	1776+77	1.32	1775-78	1.70	1773-80	3.43	1769-84	5.43	1761-92	6.47
	1778	1777+78	0.97	1776-79	1.85	1774-81	3.52	1770-85	5.14	1762-93	6.77
	1779	1778+79	1.53	1777-80	2.19	1775-82	3.16	1771-86	4.80	1763-94	6.91
	1780	1779+80	1.52	1778-81	2.75	1776-83	2.88	1772-87	4.50	1764-95	7.06
	1781	1780+81	1.65	1779-82	2.27	1777-84	2.84	1773-88	4.28	1765-96	6.91
	1782	1781+82	1.28	1780-83	1.88	1778-85	2.81	1774-89	4.44	1766-97	6.90
	1783	1782+83	1.31	1781-84	1.52	1779-86	2.60	1775-90	4.42	1767-98	6.95
	1784	1783+84	1.73	1782-85	2.04	1780-87	2.36	1776-91	4.48	1768-99	7.07
	1785	1784+85	1.38	1783-86	2.11	1781-88	2.26	1777-92	4.92		

Tab. 1

1964	1786	1785+86	1.70	1784-87	1.87	1782-89	2.40	1778-93	4.65	
	1787	1786+87	1.22	1785-88	1.77	1783-90	2.45	1779-94	4.39	
	1788	1787+88	1.18	1786-89	1.65	1784-91	2.52	1780-95	4.11	
	1789	1788+89	1.44	1787-90	1.87	1785-92	2.95	1781-96	3.57	
	1790	1789+90	1.41	1788-91	2.11	1786-93	2.58	1782-97	3.39	
	1791	1790+91	1.45	1789-92	2.63	1787-94	2.63	1783-98	3.45	
	1792	1791+92	1.52	1790-93	1.85	1788-95	2.81	1784-99	3.45	
	1793	1792+93	1.06	1791-94	1.69	1789-96	2.31			
	1794	1793+94	1.49	1792-95	1.78	1790-97	1.96			
1965	1795	1794+95	1.31	1793-96	1.53	1791-98	1.82			
	1796	1795+96	0.99	1794-97	1.57	1792-99	2.12			
	1797	1796+97	1.25	1795-98	1.32					
	1798	1797+98	1.02	1796-99	1.40					
	1799	1798+99	1.20							

Abb. 1   -72-

Abb. 1 : Äquivalente Wiederholungszahlen ω(n) der
erdmagnetischen Aktivität von 1884-1964. Jede Seite
entspricht einem Sonnenfleckenzyklus. Die zugeordnete (mittlere) Rotationsnummer für den jeweils
ersten Wert in einem Jahr kann entnommen werden
aus der Tabelle der C9 in [9], [10] oder durch direkten Vergleich aus Tabelle 1. Sonnenflecken-Maximum
und -Minimum sind besonders markiert. Die Basis
für die einzelnen Werte entspricht dem Wert für eine
zufällige Zeilenfolge. Nach oben aufgetragene Werte
bedeuten positive, nach unten aufgetragene Werte
negative Wiederholungsneigung. Der Schlüssel zeigt
Werte im Abstand von 0,5. Die Skala selbst ist kontinuierlich. Der höchste jeweils erreichbare Wert (bei
vollkommener Wiederholung) beträgt ω(n) = n.

Fig. 1 : Equivalent recurrence numbers ω(n) for the
geomagnetic activity 1884 - 1964. Each page corresponds with one sunspot-cycle. The associated (mean)
rotation number for the first value in a year can be
taken from the table of C9 in [9], [10], or by direct
comparison from Table 1. Sunspot maximum and
minimum are particularly marked. The base line for
the single values meets the value for accidental
sequences. Values plotted upwards denote positive,
those plotted downwards negative recurrence tendency. The key shows values at intervals of 0.5. The
scale itself is continuous. The highest attainable
value (perfect repetition) is ω(n) = n.

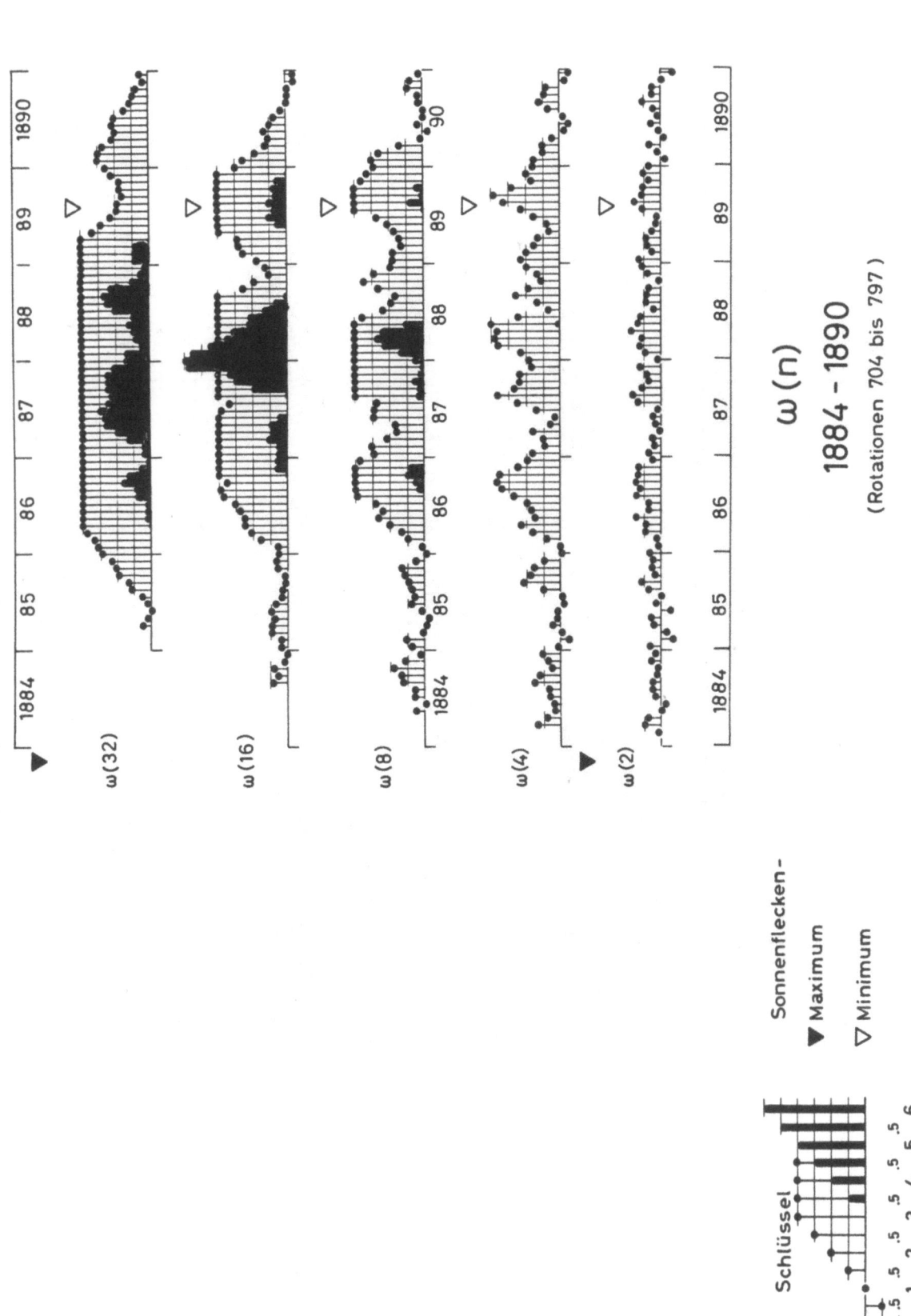

Abb. 1

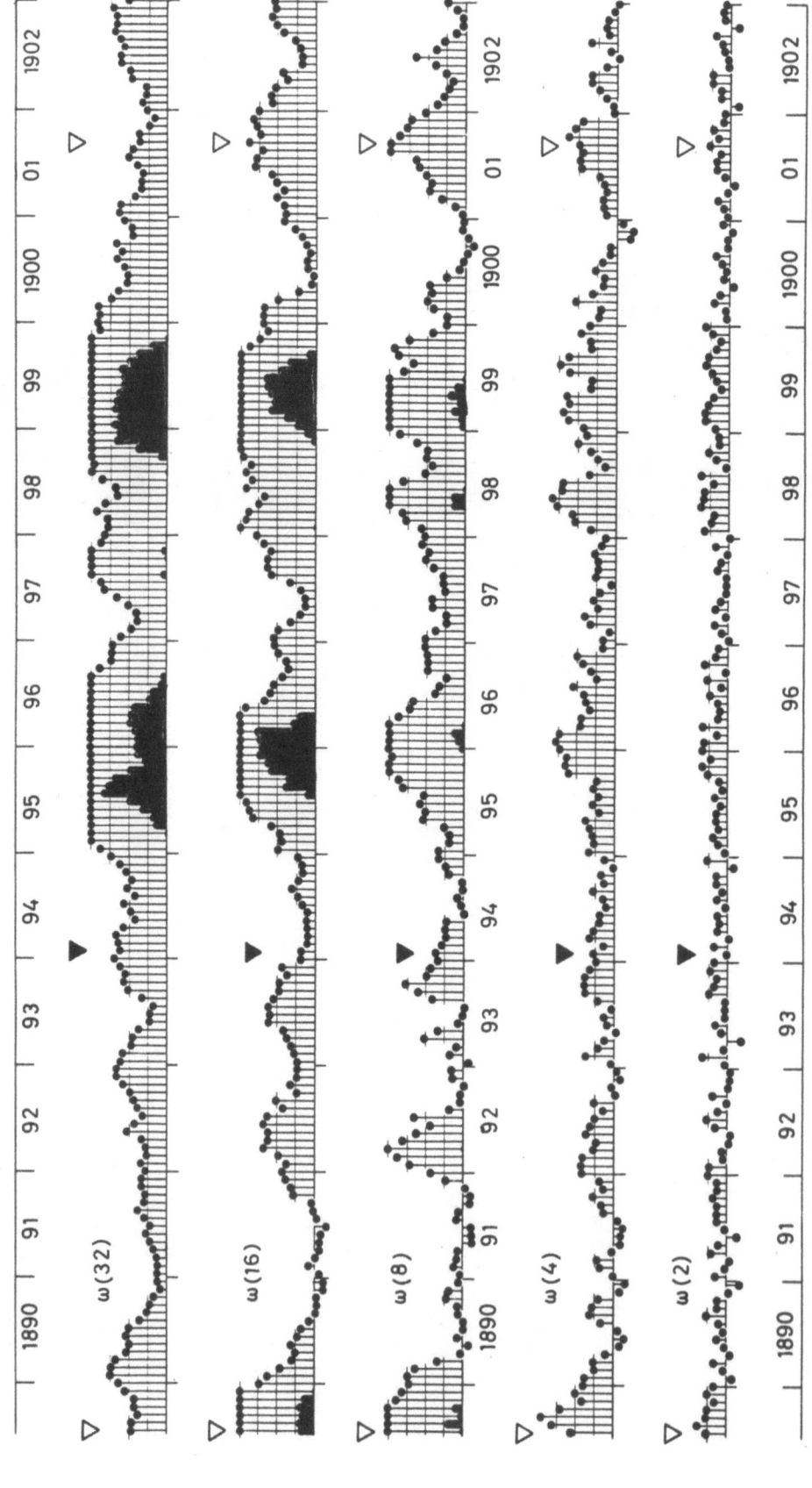

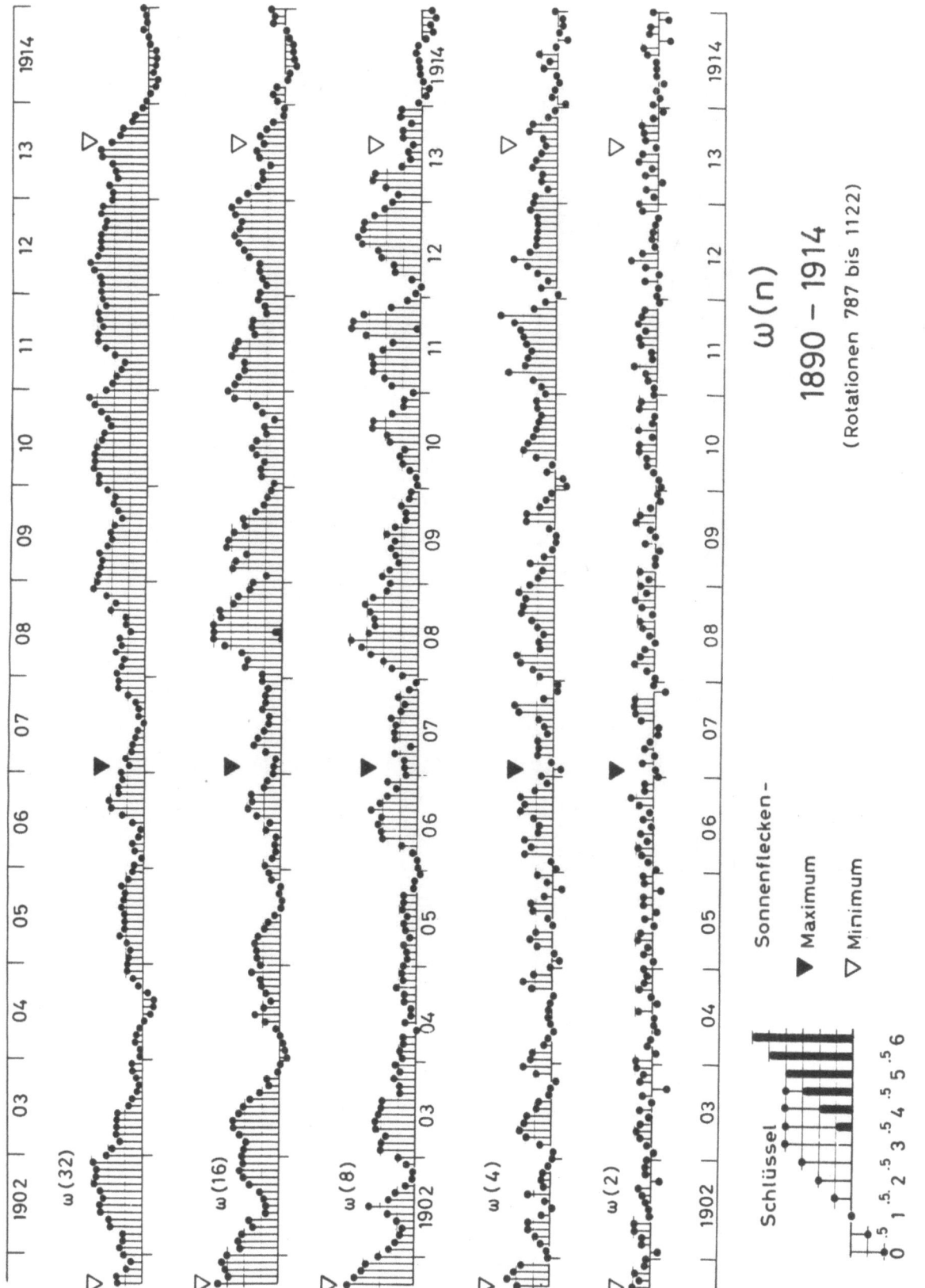

Abb. 1

Abb. 1

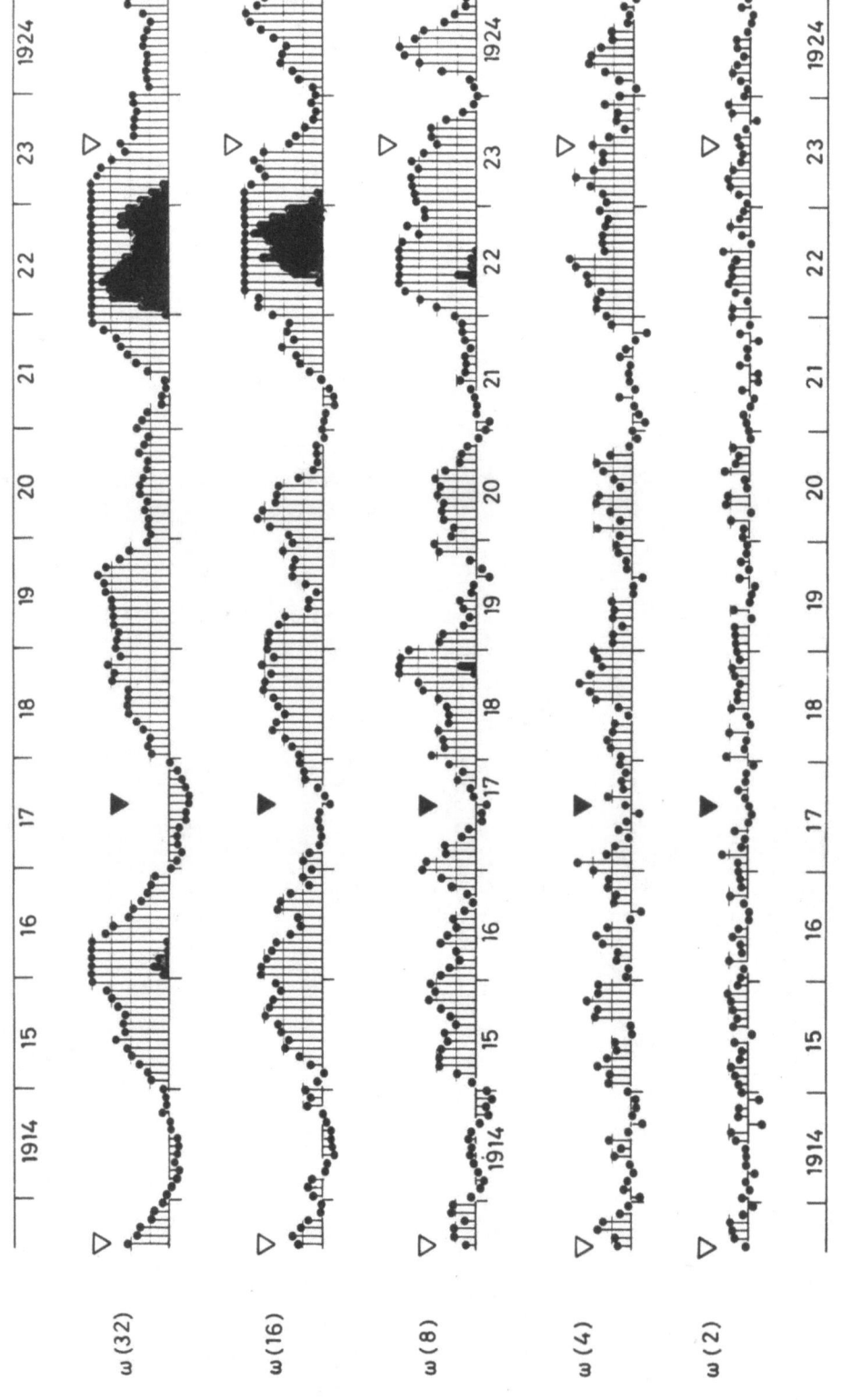

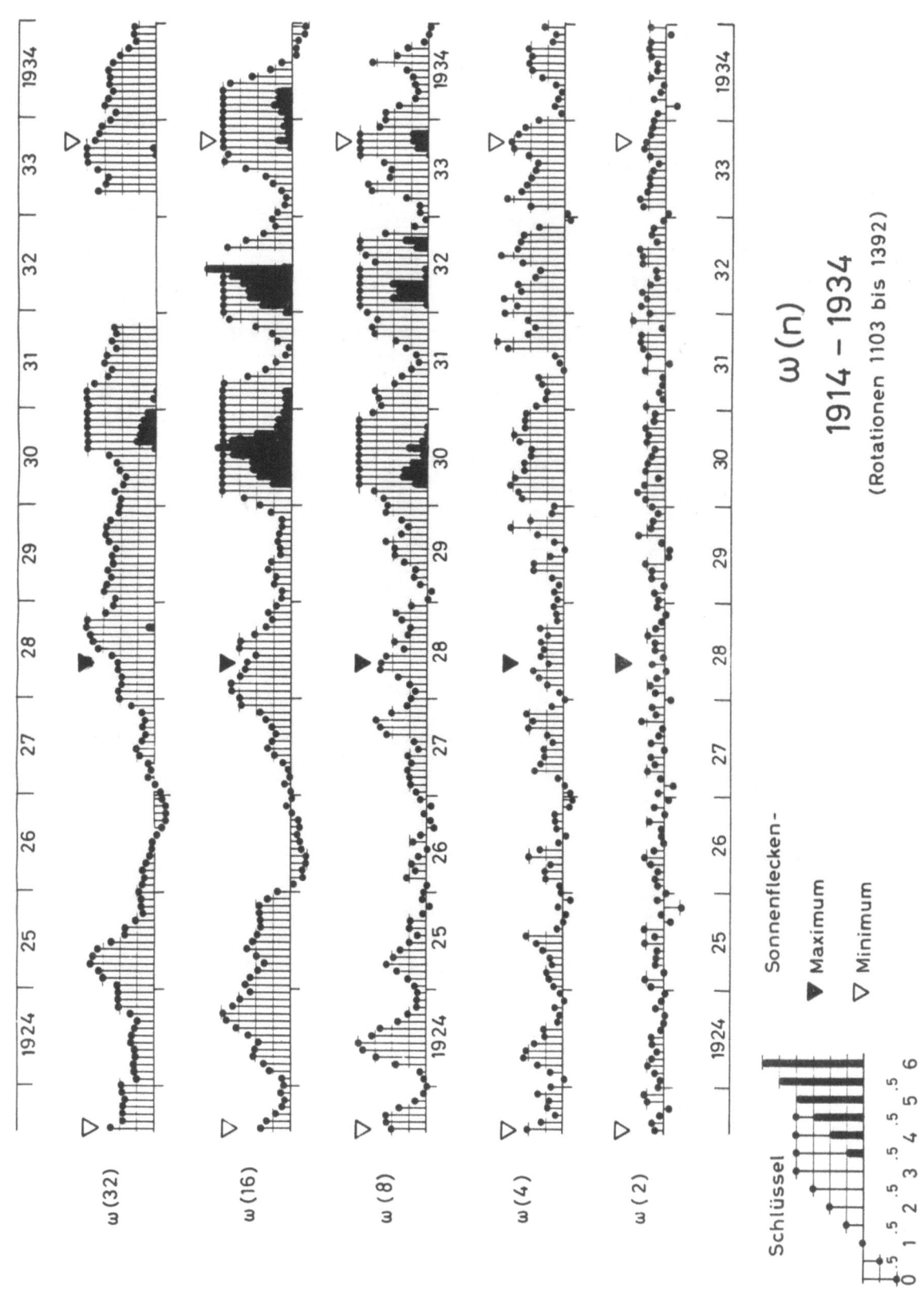

Abb. 1

$\omega(n)$ 1914 – 1934 (Rotationen 1103 bis 1392)

Abb. 1

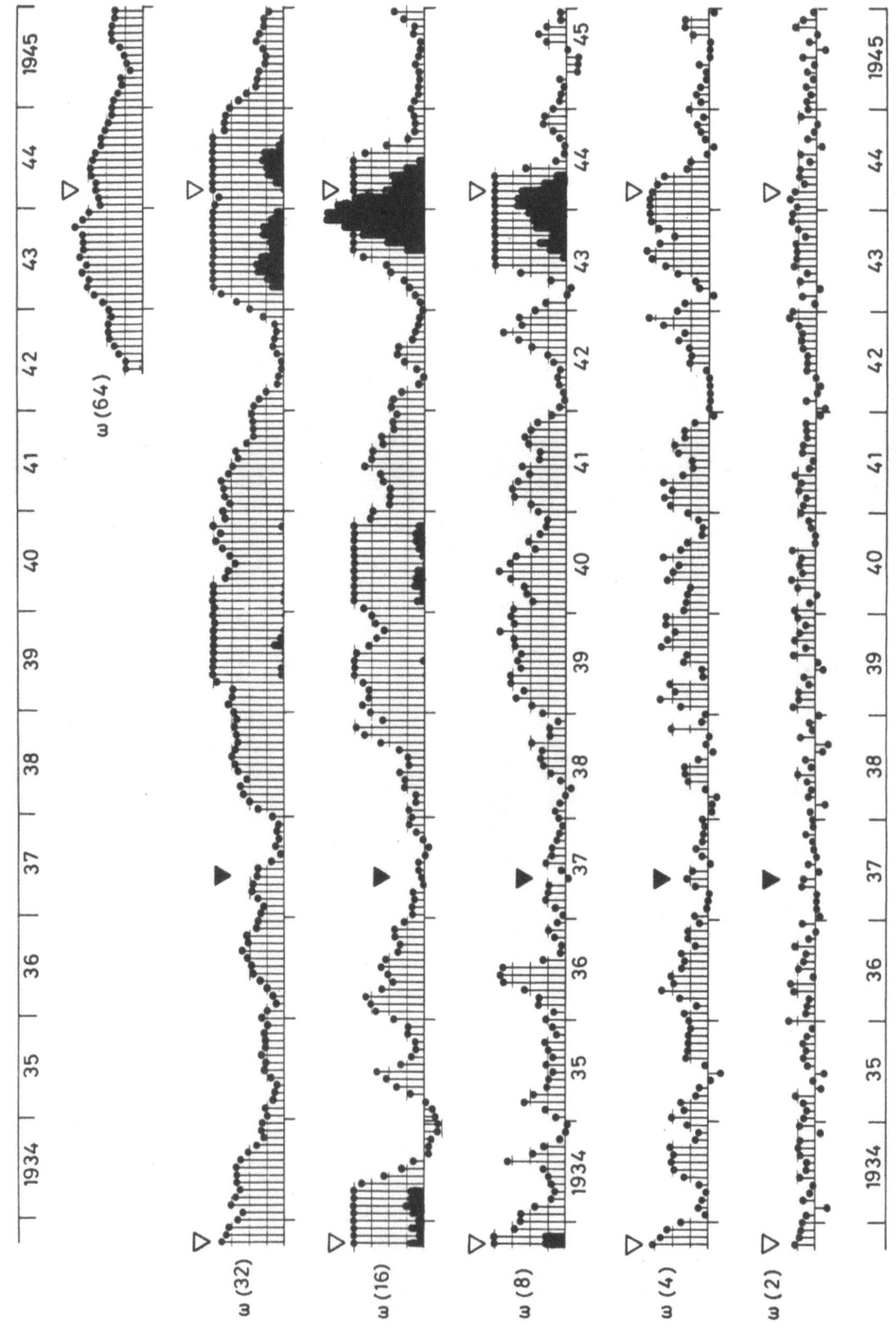

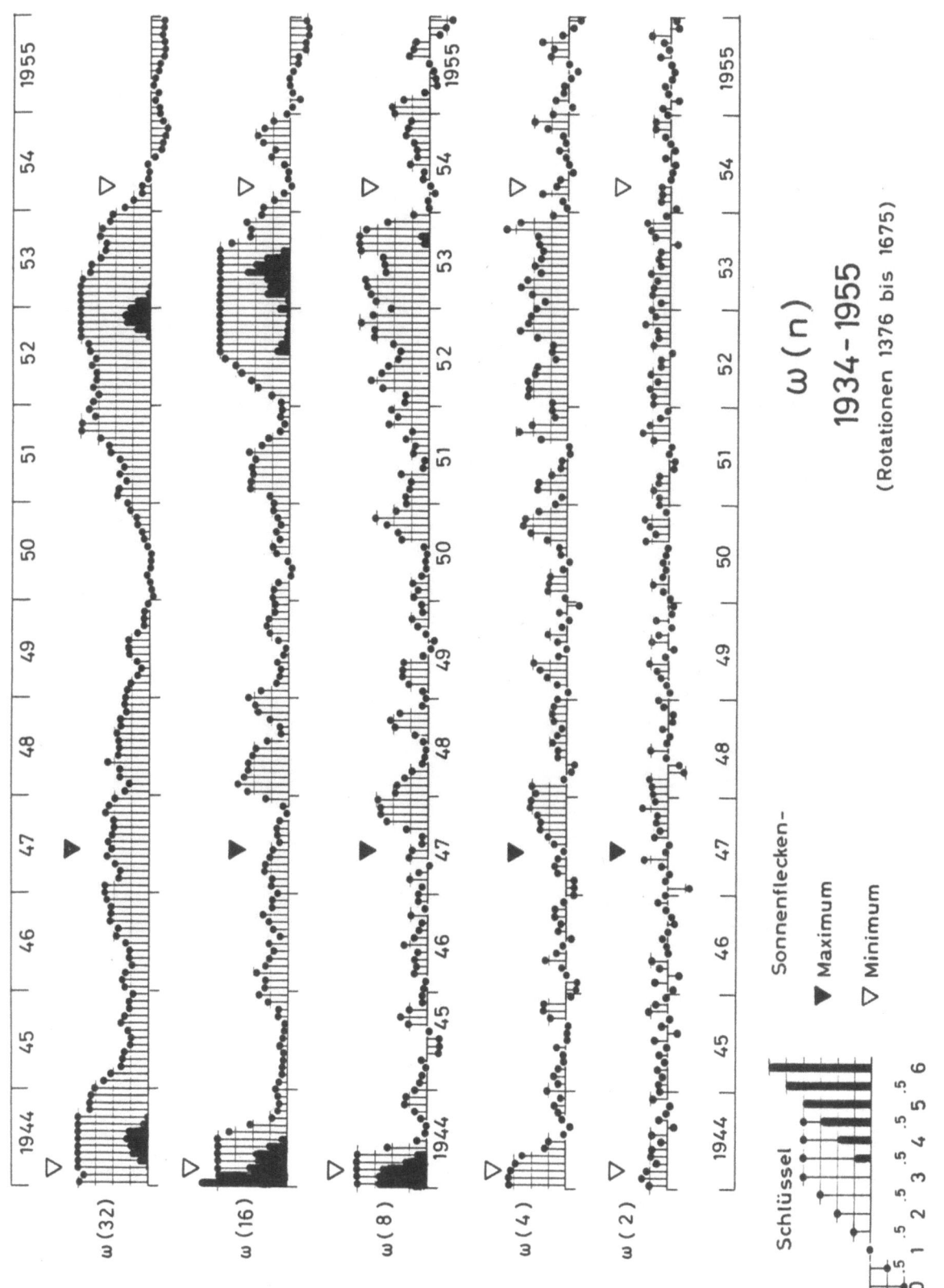

Abb. 1

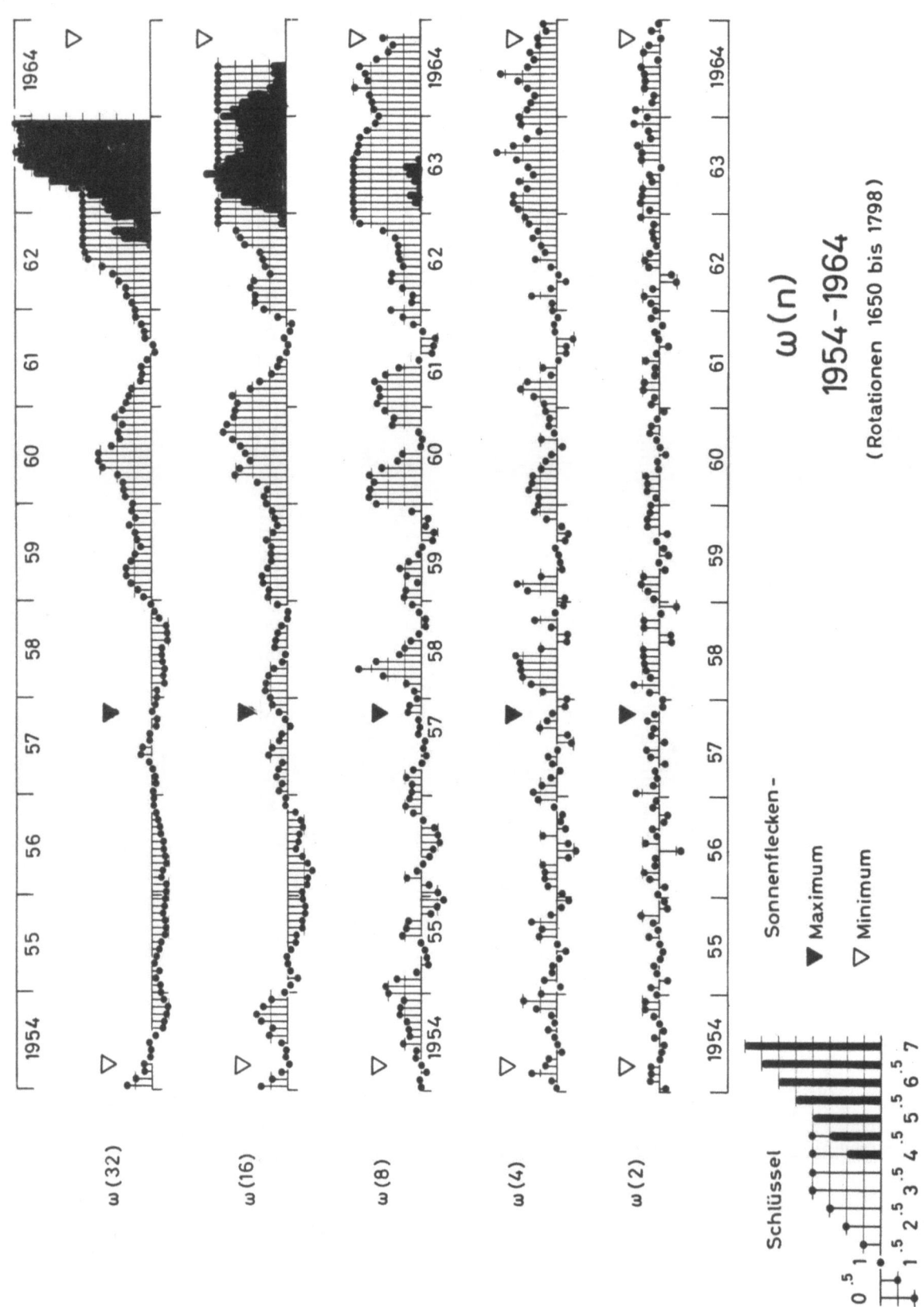

Verzeichnis der Mitteilungen aus dem Max-Planck-Institut für Physik der Stratosphäre

Nr. 1/1953   Über den Beitrag der von μ-Mesonen angestoßenen Elektronen zu den Ultrastrahlungsschauern unter Blei. G. Pfotzer

Nr. 2/1954   Ein Zählrohrkoinzidenzgerät zur Registrierung der kosmischen Ultrastrahlung. A. Ehmert

Eine einfache Methode zur Einstellung und Fixierung des Expansionsverhältnisses von Nebelkammern. G. Pfotzer

Nr. 3/1954   Optische Interferenzen an dünnen, bei -190°C kondensierten Eisschichten. Erich Regener (vergriffen)

Nr. 4/1955   Über die Messung der Temperatur des atmosphärischen Ozons mit Hilfe der Huggins-Banden. H. Zschörner und H. K. Paetzold

Nr. 5/1956   Ein neuer Ausbruch solarer Ultrastrahlung am 23. Februar 1956. A. Ehmert und G. Pfotzer, vergriffen (erschienen Z. Naturforschung 11a, 322, 1956)

Nr. 6/1956   Das Abklingen der solaren Ultrastrahlung beim Ausbruch am 23. Februar 1956 und die geomagnetischen Einfallsbedingungen. A. Ehmert und G. Pfotzer

Nr. 7/1956   Die Impulsverteilung der solaren Ultrastrahlung in der Abklingphase des Strahlungseinbruches am 23. Februar 1956. G. Pfotzer

Nr. 8/1956   Die atmosphärischen Störungen und ihre Anwendung zur Untersuchung der unteren Ionosphäre. K. Revellio

Nr. 9/1956   Solare Ultrastrahlung als Sonde für das Magnetfeld der Erde in großer Entfernung. G. Pfotzer

*

Die vorstehenden Hefte können beim Max-Planck-Institut für Aeronomie, 3411 Lindau angefordert werden.

Mitteilungen aus dem Max-Planck-Institut für Aeronomie

Nr. 1 (S) Waibel: Messungen von Primärteilchen der kosmischen Strahlung.

Nr. 2 (S) Erbe: Auswirkung der Variationen der primären kosmischen Strahlung auf die Mesonen- und Nukleonenkomponente am Erdboden.

Nr. 3 (I) Kohl: Bewegung der F-Schicht der Ionosphäre bei erdmagnetischen Bai-Störungen.

Nr. 4 (I) Becker: Tables of ordinary and extraordinary refractive indices, group refractive indices and $h'_{o,x}(f)$-curves or standard ionospheric layer models.

Nr. 5 (S) Schröpl: Über eine Neubestimmung des Absorptionskoeffizienten von Ozon im Ultraviolett bei kleinen Konzentrationen.

Nr. 6 (S) Erbe: Ergebnisse der Ballonaufstiege zur Messung der kosmischen Strahlung in Weissenau und Lindau.

Nr. 7 (S) Meyer: Elektromagnetische Induktion eines vertikalen magnetischen Dipols über einem leitenden homogenen Halbraum.

Nr. 8 (I u. S) Dieminger und Mitarb.: Die geophysikalischen Ereignisse des 12. - 14. November 1960.

Nr. 9 (S) Pfotzer, Ehmert, and Keppler: Time Pattern of Ionizing Radiation in Balloon Altitudes in High Latitudes. Part A, Text; Part B, Figures and Diagrams.

Nr. 10 (S) Waibel: Eine Ballonsonde zur Messung von Röntgenstrahlung und solarer Ultrastrahlung.

Nr. 11 (S) Voelker: Zur Breitenabhängigkeit erdmagnetischer Pulsationen.

Nr. 12 (S) Jaeschke: Registrierung von Pulsationen im südlichen Niedersachsen als Beitrag zur erdmagnetischen Tiefensondierung.

Nr. 13 (S) Meyer: Elektromagnetische Induktion in einem leitenden homogenen Zylinder durch äußere magnetische und elektrische Wechselfelder.

Nr. 14 (S) Kremser: Über den Zusammenhang zwischen Röntgenstrahlungs-Ausbrüchen in der Polarlichtzone und bayartigen erdmagnetischen Störungen.

Nr. 15 (S) Keppler: Messung von Röntgenstrahlung und solaren Protonen mit Ballongeräten in der Nordlichtzone.

Nr. 16 (S) Kirsch: Die Anisotropien der kosmischen Strahlung.

Nr. 17 (S) Guilino: Ausbau eines Wechsellichtmonochromators und seine Anwendung zur Messung des Luftleuchtens während der Dämmerung und in der Nacht.

Nr. 18 (S) Pfotzer and Ehmert: Measurements of High Energetic Auroral Radiations with Balloon-Borne Detectors in 1962 and 1963 Part A to C, Text; Part D, Figures and Diagrams.

Nr. 19 (I) Hartmann: Bestimmung wichtiger Satellitenpositionen mit Hilfe graphischer Darstellungen.

Nr. 20 (S) Keppler: Über die Eigenschaften von Zählrohren und Ionisationskammern in verschiedenartigen Strahlungsfeldern. - Zur Interpretation von Röntgenstrahlungsmessungen in Ballonhöhe in der Nordlichtzone.

Nr. 21 (S) Siebert: Zur Theorie erdmagnetischer Pulsationen mit breitenabhängigen Perioden.

If you have any concerns about our products,
you can contact us on
ProductSafety@springernature.com

In case Publisher is established outside the EU,
the EU authorized representative is:
**Springer Nature Customer Service Center GmbH
Europaplatz 3, 69115 Heidelberg, Germany**

Printed by Libri Plureos GmbH
in Hamburg, Germany